U0163444

PLAYING WITH INFINITY

Mathematical Explorations and Excursions

无穷的玩艺

数学的探索与旅行

[匈] 罗兹·佩特 ◎ 著

朱梧槚 袁相碗 郑毓信 ◎ 译

SCIENCE & HUMANITIES

02

数学科学文化理念传播丛书

（第一辑 ）

大连理工大学出版社
Dalian University of Technology Press

图书在版编目（CIP）数据

无穷的玩艺：数学的探索与旅行／（匈）罗兹·佩特著；朱梧槚，袁相碗，郑毓信译.--大连：大连理工大学出版社，2023.1

（数学科学文化理念传播丛书. 第一辑）

ISBN 978-7-5685-4078-0

Ⅰ．①无… Ⅱ．①罗… ②朱… ③袁… ④郑… Ⅲ．①数学－思维方法 Ⅳ．①O1-0

中国版本图书馆 CIP 数据核字（2022）第 250918 号

无穷的玩艺：数学的探索与旅行
WUQIONG DE WANYI：SHUXUE DE TANSUO YU LÜXING

大连理工大学出版社出版

地址：大连市软件园路 80 号　邮政编码：116023
发行：0411-84708842　邮购：0411-84708943　传真：0411-84701466
E-mail：dutp@dutp.cn　　URL：https://www.dutp.cn

辽宁新华印务有限公司印刷　　　　大连理工大学出版社发行

幅面尺寸：185mm×260mm　　印张：16.25　　字数：262 千字
2023 年 1 月第 1 版　　　　　　2023 年 1 月第 1 次印刷

责任编辑：王　伟　　　　　　　　　　责任校对：周　欢
封面设计：冀贵收

ISBN 978-7-5685-4078-0　　　　　　　　定价：69.00 元

本书如有印装质量问题，请与我社发行部联系更换。

数学科学文化理念传播丛书·第一辑

编 写 委 员 会

丛书顾问 周·道本　王梓坤
　　　　　胡国定　钟万勰　严士健
丛书主编 徐利治
执行主编 朱梧槚
委　　员（按姓氏笔画排序）
　　　　　王　前　王光明　冯克勤　杜国平
　　　　　李文林　肖奚安　罗增儒　郑毓信
　　　　　徐沥泉　涂文豹　萧文强

总　序

一、数学科学的含义及其
在学科分类中的定位

20 世纪 50 年代初，我曾就读于东北人民大学（现吉林大学）数学系，记得在二年级时，有两位老师①在课堂上不止一次地对大家说："数学是科学中的女王，而哲学是女王中的女王."

对于一个初涉高等学府的学子来说，很难认知其言真谛. 当时只是朦胧地认为，大概是指学习数学这一学科非常值得，也非常重要. 或者说与其他学科相比，数学可能是一门更加了不起的学科. 到了高年级时，我开始慢慢意识到，数学与那些研究特殊的物质运动形态的学科（诸如物理、化学和生物等）相比，似乎真的不在同一个层面上. 因为数学的内容和方法不仅要渗透到其他任何一个学科中去，而且要是真的没有了数学，则无法想象其他任何学科的存在和发展了. 后来我终于知道了这样一件事，那就是美国学者道恩斯（Douenss）教授，曾从文艺复兴时期到 20 世纪中叶所出版的浩瀚书海中，精选了16 部名著，并称其为"改变世界的书". 在这 16 部著作中，直接运用了数学工具的著作就有 10 部，其中有 5 部是属于自然科学范畴的，它们分别是：

(1) 哥白尼（Copernicus）的《天体运行》(1543 年)；

(2) 哈维（Harvery）的《血液循环》(1628 年)；

(3) 牛顿（Newton）的《自然哲学之数学原理》(1729 年)；

(4) 达尔文（Darwin）的《物种起源》(1859 年)；

---

① 此处的"两位老师"指的是著名数学家徐利治先生和著名数学家、计算机科学家王湘浩先生. 当年徐利治先生正为我们开设"变分法"和"数学分析方法及例题选讲"课程，而王湘浩先生正为我们讲授"近世代数"和"高等几何".

(5) 爱因斯坦(Einstein)的《相对论原理》(1916 年).

另外 5 部是属于社会科学范畴的,它们是:

(6) 潘恩(Paine)的《常识》(1760 年);

(7) 史密斯(Smith)的《国富论》(1776 年);

(8) 马尔萨斯(Malthus)的《人口论》(1789 年);

(9) 马克思(Max)的《资本论》(1867 年);

(10) 马汉(Mahan)的《论制海权》(1867 年).

在道恩斯所精选的 16 部名著中,若论直接或间接地运用数学工具的,则无一例外. 由此可以毫不夸张地说,数学乃是一切科学的基础、工具和精髓.

至此似已充分说明了如下事实:数学不能与物理、化学、生物、经济或地理等学科在同一层面上并列. 特别是近 30 年来,先不说分支繁多的纯粹数学的发展之快,仅就顺应时代潮流而出现的计算数学、应用数学、统计数学、经济数学、生物数学、数学物理、计算物理、地质数学、计算机数学等如雨后春笋般地产生、存在和发展的事实,就已经使人们去重新思考过去那种将数学与物理、化学等学科并列在一个层面上的学科分类法的不妥之处了. 这也是多年以来,人们之所以广泛采纳"数学科学"这个名词的现实背景.

当然,我们还要进一步从数学之本质内涵上去弄明白上文所说之学科分类上所存在的问题,也只有这样才能使我们在理性层面上对"数学科学"的含义达成共识.

当前,数学被定义为从量的侧面去探索和研究客观世界的一门学问. 对于数学的这样一种定义方式,目前已被学术界广泛接受. 至于有如形式主义学派将数学定义为形式系统的科学,更有如形式主义者柯亨(Cohen)视数学为一种纯粹的在纸上的符号游戏,以及数学基础之其他流派所给出之诸如此类的数学定义,可谓均已进入历史博物馆,在当今学术界,充其量只能代表极少数专家学者之个人见解. 既然大家公认数学是从量的侧面去探索和研究客观世界,而客观世界中任何事物或对象又都是质与量的对立统一,因此没有量的侧面的事物或对象是不存在的. 如此从数学之定义或数学之本质内涵出发,就必然导致数学与客观世界中的一切事物之存在和发展密切相关.同时也决定了数学这一研究领域有其独特的普遍性、抽象性和应用上的极端广泛性,从而数学也就在更抽象的层面上与任何特殊的物质运动形式息息相关.由此可见,数学与其他任何研究特殊的物质运动形态的学科相比,要高出一个层面.在此或许可以认为,这也就是本人少时所闻之"数学是科学中的女王"一语的某种肤浅的理解.

再说哲学乃是从自然、社会和思维三大领域,即从整个客观世界的存在及其存在方式中去探索科学世界之最普遍的规律性的学问,因而哲学是关于整个客观世界的根本性观点的体系,也是自然知识和社会知识的最高概括和总结.因此哲学又要比数学高出一个层面.

这样一来,学科分类之体系结构似应如下图所示:

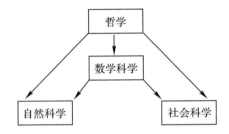

如上直观示意图的最大优点是凸显了数学在科学中的女王地位,但也有矫枉过正与骤升两个层面之嫌.因此,也可将学科分类体系结构示意图改为下图所示:

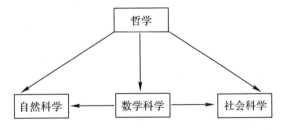

如上示意图则在于明确显示了数学科学居中且与自然科学和社会科学相并列的地位,从而否定了过去那种将数学与物理、化学、生物、经济等学科相并列的病态学科分类法.至于数学在科学中之"女王"地位,就只能从居中角度去隐约认知了.关于学科分类体系结构之如上两个直观示意图,究竟哪一个更合理,在这里就不多议了,因为少时耳闻之先入为主,往往会使一个人的思维方式发生偏差,因此

留给本丛书的广大读者和同行专家去置评.

二、数学科学文化理念与文化
素质原则的内涵及价值

数学有两种品格,其一是工具品格,其二是文化品格.对于数学之工具品格而言,在此不必多议.由于数学在应用上的极端广泛性,因而在人类社会发展中,那种挥之不去的短期效益思维模式必然导致数学之工具品格愈来愈突出和愈来愈受到重视.特别是在实用主义观点日益强化的思潮中,更会进一步向数学纯粹工具论的观点倾斜,所以数学之工具品格是不会被人们淡忘的.相反地,数学之另一种更为重要的文化品格,却已面临被人淡忘的境况.至少数学之文化品格在今天已不为广大教育工作者所重视,更不为广大受教育者所知,几乎到了只有少数数学哲学专家才有所了解的地步.因此我们必须古识重提,并且认真议论一番数学之文化品格问题.

所谓古识重提指的是:古希腊大哲学家柏拉图(Plato)曾经创办了一所哲学学校,并在校门口张榜声明,不懂几何学的人,不要进入他的学校就读.这并不是因为学校所设置的课程需要几何知识基础才能学习,相反地,柏拉图哲学学校里所设置的课程都是关于社会学、政治学和伦理学一类课程,所探讨的问题也都是关于社会、政治和道德方面的问题.因此,诸如此类的课程与论题并不需要直接以几何知识或几何定理作为其学习或研究的工具.由此可见,柏拉图要求他的弟子先行通晓几何学,绝非着眼于数学之工具品格,而是立足于数学之文化品格.因为柏拉图深知数学之文化理念和文化素质原则的重要意义.他充分认识到立足于数学之文化品格的数学训练,对于陶冶一个人的情操,锻炼一个人的思维能力,直至提升一个人的综合素质水平,都有非凡的功效.所以柏拉图认为,不经过严格数学训练的人是难以深入讨论他所设置的课程和议题的.

前文指出,数学之文化品格已被人们淡忘,那么上述柏拉图立足于数学之文化品格的高智慧故事,是否也被人们彻底淡忘甚或摒弃了呢?这倒并非如此.在当今社会,仍有高智慧的有识之士,在某些高等学府的教学计划中,深入贯彻上述柏拉图的高智慧古识.列举两个典型示例如下：

例1，大家知道，从事律师职业的人在英国社会中颇受尊重．据悉，英国律师在大学里要修毕多门高等数学课程，这既不是因为英国的法律条文一定要用微积分去计算，也不是因为英国的法律课程要以高深的数学知识为基础，而只是出于这样一种认识，那就是只有通过严格的数学训练，才能使之具有坚定不移而又客观公正的品格，并使之形成一种严格而精确的思维习惯，从而对他取得事业的成功大有益助．这就是说，他们充分认识到数学的学习与训练，绝非实用主义的单纯传授知识，而深知数学之文化理念和文化素质原则，在造就一流人才中的决定性作用．

例2，闻名世界的美国西点军校建校超过两个世纪，培养了大批高级军事指挥员，许多美国名将也毕业于西点军校．在该校的教学计划中，学员除了要选修一些在实战中能发挥重要作用的数学课程（如运筹学、优化技术和可靠性方法等）之外，还要必修多门与实战不能直接挂钩的高深的数学课．据我所知，本丛书主编徐利治先生多年前访美时，西点军校研究生院曾两次邀请他去做"数学方法论"方面的讲演．西点军校之所以要学员必修这些数学课程，当然也是立足于数学之文化品格．也就是说，他们充分认识到，只有经过严格的数学训练，才能使学员在军事行动中，把那种特殊的活力与高度的灵活性互相结合起来，才能使学员具有把握军事行动的能力和适应性，从而为他们驰骋疆场打下坚实的基础．

然而总体来说，如上述及的学生或学员，当他们后来真正成为哲学大师、著名律师或运筹帷幄的将帅时，早已把学生时代所学到的那些非实用性的数学知识忘得一干二净．但那种铭刻于头脑中的数学精神和数学文化理念，仍会长期地在他们的事业中发挥着重要作用．亦就是说，他们当年所受到的数学训练，一直会在他们的生存方式和思维方式中潜在地起着根本性的作用，并且受用终身．这就是数学之文化品格、文化理念与文化素质原则之深远意义和至高的价值所在．

三、"数学科学文化理念传播丛书"　　出版的意义与价值

有现象表明，教育界和学术界的某些思维方式正深陷于纯粹实

用主义的泥潭,而且急功近利、短平快的病态心理正在病入膏肓. 因此,推出一套旨在倡导和重视数学之文化品格、文化理念和文化素质的丛书,一定会在扫除纯粹实用主义和诊治急功近利病态心理的过程中起到一定的作用,这就是出版本丛书的意义和价值所在.

那么究竟哪些现象足以说明纯粹实用主义思想已经很严重了呢? 详细地回答这一问题,至少可以写出一本小册子来. 在此只能举例一二,点到为止.

现在计算机专业的大学一、二年级学生,普遍不愿意学习逻辑演算与集合论课程,认为相关内容与计算机专业没有什么用. 那么我们的教育管理部门和相关专业人士又是如何认知的呢? 据我所知,南京大学早年不仅要给计算机专业本科生开设这两门课程,而且要开设递归论和模型论课程. 然而随着思维模式的不断转移,不仅递归论和模型论早已停开,逻辑演算与集合论课程的学时也在逐步缩减. 现在国内坚持开设这两门课的高校已经很少了,大部分高校只在离散数学课程中给学生讲很少一点逻辑演算与集合论知识. 其实,相关知识对于培养计算机专业的高科技人才来说是至关重要的,即使不谈这是最起码的专业文化素养,难道不明白我们所学之程序设计语言是靠逻辑设计出来的? 而且柯特(Codd)博士创立关系数据库,以及施瓦兹(Schwartz)教授开发的集合论程序设计语言 SETL,可谓全都依靠数理逻辑与集合论知识的积累. 但很少有专业教师能从历史的角度并依此为例去教育学生,甚至还有极个别的专家教授,竟然主张把"计算机科学理论"这门硕士研究生学位课取消,认为这门课相对于毕业后去公司就业的学生太空洞,这真是令人瞠目结舌. 特别是对于那些初涉高等学府的学子来说,其严重性更在于他们的知识水平还不了解什么有用或什么无用的情况下,就在大言这些有用或那些无用的实用主义想法. 好像在他们的思想深处根本不知道高等学府是培养高科技人才的基地,竟把高等学府视为专门培训录入、操作与编程等技工的学校. 因此必须让教育者和受教育者明白,用多少学多少的教学模式只能适用于某种技能的培训,对于培养高科技人才来说,此类纯粹实用主义的教学模式是十分可悲的. 不仅误人子弟,而且任其误入歧途继续陷落下去,必将直接危害国家和社会的发展前程.

另外,现在有些现象甚至某些评审规定,所反映出来的心态和思潮就是短平快和急功近利,这样的软环境对于原创性研究人才的培养弊多利少.杨福家院士说:[①]

"费马大定理是数学上一大难题,360 多年都没有人解决,现在一位英国数学家解决了,他花了 9 年时间解决了,其间没有写过一篇论文.我们现在的规章制度能允许一个人 9 年不出文章吗?

"要拿诺贝尔奖,都要攻克很难的问题,不是灵机一动就能出来的,不是短平快和急功近利就能够解决问题的,这是异常艰苦的长期劳动."

据悉,居里夫人一生只发表了 7 篇文章,却两次获得诺贝尔奖.现在晋升副教授职称,都要求在一定年限内,在一定级别杂志上发表一定数量的文章,还要求有什么奖之类的,在这样的软环境里,按照居里夫人一生中发表文章的数量计算,岂不只能当个老讲师?

清华大学是我国著名的高等学府,1952 年,全国高校进行院系调整,在调整中清华大学变成了工科大学.直到改革开放后,清华大学才开始恢复理科并重建文科.我国各层领导开始认识到世界一流大学均以知识创新为本,并立足于综合、研究和开放,从而开始重视发展文理科.11 年前,清华人立志要奠定世界一流大学的基础,为此而成立清华高等研究中心.经周光召院士推荐,并征得杨振宁先生同意,聘请美国纽约州立大学石溪分校聂华桐教授出任高等中心主任.5 年后接受上海《科学》杂志编辑采访,面对清华大学软环境建设和我国人才环境的现状,聂华桐先生明确指出[②]:

"中国现在推动基础学科的一些办法,我的感觉是失之于心太急.出一流成果,靠的是人,不是百年树人吗?培养一流科技人才,即使不需百年,却也绝不是短短几年就能完成的.现行的一些奖励、评审办法急功近利,凑篇数和追指标的风气,绝不是真心献身科学者之福,也不是达到一流境界的灵方.一个作家,您能说他发表成百上千

①　王德仁等,杨福家院士"一吐为快——中国教育 5 问",扬子晚报,2001 年 10 月 11 日 A8 版.
②　刘冬梅,营造有利于基础科技人才成长的环境——访清华大学高等研究中心主任聂华桐,科学,Vol.154,No.5,2002 年.

篇作品,就能称得上是伟大文学家了吗? 画家也是一样,真正的杰出画家也只凭少数有创意的作品奠定他们的地位.文学家、艺术家和科学家都一样,质是关键,而不是量.

"创造有利于学术发展的软环境,这是发展成为一流大学的当务之急."

面对那些急功近利和短平快的不良心态及思潮,前述杨福家院士和聂华桐先生的一番论述,可谓十分切中时弊,也十分切合实际.

大连理工大学出版社能在审时度势的前提下,毅然决定立足于数学文化品格编辑出版"数学科学文化理念传播丛书",不仅意义重大,而且胆识非凡.特别是大连理工大学出版社的刘新彦和梁锋等不辞辛劳地为丛书的出版而奔忙,实是智慧之举.还有88岁高龄的著名数学家徐利治先生依然思维敏捷,不仅大力支持丛书的出版,而且出任丛书主编,并为此而费神思考和指导工作,由此而充分显示徐利治先生在治学领域的奉献精神和远见卓识.

序言中有些内容取材于"数学科学与现代文明"[①]一文,但对文字结构做了调整,文字内容做了补充,对文字表达也做了改写.

2008 年 4 月 6 日于南京

---

① 1996 年 10 月,南京航空航天大学校庆期间,名誉校长钱伟长先生应邀出席庆典,理学院名誉院长徐利治先生应邀在理学院讲学,老友朱剑英先生时任校长,他虽为著名的机械电子工程专家,但从小喜爱数学,曾通读《古今数学思想》巨著,而且精通模糊数学,又是将模糊数学应用于多变量生产过程控制的第一人.校庆期间钱伟长先生约请大家通力合作,撰写《数学科学与现代文明》一文,并发表在上海大学主办的《自然杂志》上.当时我们就觉得这个题目分量很重,要写好这个题目并非轻而易举之事.因此,徐利治、朱剑英、朱梧槚曾多次在一起研讨此事,分头查找相关文献,并列出提纲细节,最后由朱梧槚执笔撰写,并在撰写过程中,不定期会面讨论和修改补充,终于完稿,由徐利治、朱剑英、朱梧槚共同署名,分为上、下两篇,作为特约专稿送交《自然杂志》编辑部,先后发表在《自然杂志》1997,19(1):5-10 与 1997,19(2):65-71.

序　言

　　本书不是为数学家,而是为文学家、艺术家和社会工作者而写的.由于我在艺术中得益匪浅,我现在愿意奉上数学作为一种报偿,并想由此而能使大家看到数学和艺术之间有着许多共同之处.我之所以喜爱数学,不只是因为它在技术上有着广泛的应用,而主要是因为数学是一门美妙的学科.人们在数学中纳入了游戏的素材和内容,而且我们能在其中找到最有趣味的关于无穷的游戏.数学能为世界提供这样一些与观念和无穷相关的富有意义的东西(这不同于乏味的乘法表),同时我们在数学中又能自始至终地看到人类创造力的痕迹.

　　虽然这是一本通俗读物,但这并不意味着该书对于有关题材的处理是肤浅的.恰恰相反,在概念的表述中,我力图做到彻底的明晰性和精确性,从而即使是数学家也可从中得到新的启发;对于教师来讲,则尤为如此.书中所省略的只是那些使人十分容易感到厌烦的系统性的论证,即那些纯粹技术性的东西(本书的目的并不在于讲授数学技巧).但有兴趣的学生也可从这本书中获得关于整个数学的一个总的印象.在开始写作本书时,我并没有打算让它包含如此之多的内容,但在写作过程中,内容却不断地得到扩充,只是可省略的题材大为减少.如果书中包括了某些过去曾被认为是乏味的题材,则我所做的正是如下的一种工作,即当我偶然地面对着几件搁置已久的老式家具,我拂去其上的灰尘而使之重放光彩.

　　读者可能会感到书中某些部分的陈述过于素朴,但我并不介意.因与简单事实相联系的素朴观点,往往能使人感到发明的乐趣.

　　我将在"前言"中告诉读者本书的由来,其中提到的作家就是

M. Benedek. 我曾为解释微积分而写信给他，正是他提出了可将这些信件的内容发展成一本书的建议.

我并没有事前直接参阅过任何书籍，当然我早在许多别的书中学到了很多东西，但已经无法准确地一一说出它们的出处. 就在我写作本书的当时，也并没有在我面前摆上任何参考的书籍，但一些比喻却不时地自动浮现在我的脑海之中，甚至还能记得一些比喻的来源. 例如，Rademacher 和 Toeplifz 合写的那部出色的著作，或如 Beke 关于分析的精湛介绍，几乎在我的头脑中形成了一种格式，以致在写作中除掉按照这种格式之外，简直别无他法了. 就这一点而言，我特别受惠于 L. Kalmar，他既是我同时代的人，又是我的数学导师，我所写的一切都和他的思想有着不可分割的联系. 这里应特别提到"巧克力糖"的例子，本书中关于无穷级数的讨论，正是借助了这一源自他的例子进行的. 此外，关于对数表的建立过程的分析也完全是他的思想.

在本书中，我还将提到那些曾在我任教期间与我合作过的学生，我想只需提到他们的姓氏，他们就能猜到我说的是谁了. 另外，我必须感谢我的学生 Kato，当时她刚刚结束中学的学业，就给本书的写作以很大的帮助——正是依靠她的协助，我才能做到以一个有天赋的学生的眼光来看待书中的材料.

对我的最重要的帮助来自那些对数学不感兴趣的人们. 我的好朋友 B. Lay 是一位剧作家，并深信自己没有数学头脑，他曾逐章阅读了本书的初稿，而且每一章的内容都要在他感到满意之后才能定稿. 如果没有他的帮助，本书也许永远不会写成.

P. Csillag 以数学家的眼光对全书进行了审查，并在百忙之中抽时间浏览了全书手稿. 我之所以确信书中没有什么错误，应归功于他们.

作　者

1943 年秋于布达佩斯

前　言

　　我有一位好朋友,他是一位作家,在很久以前的一次谈话中曾向我抱怨说,在他所受的教育中有一个很重要的方面被忽视了,那就是他不懂得数学.在他从事本职工作,即进行写作时,感到这是一种欠缺.他还记得在学校的数学课上所学到的坐标系,并已将它应用于比喻和想象,他相信在数学中一定还有很多这种可以应用的题材.然而,由于数学知识的缺乏,使他无法从这一丰富的源泉中吸取营养,以致在表达能力方面显得十分贫乏.而且他认为这一缺陷已无法弥补,因为他相信自己永远也不能真正深入到数学的核心中去了.

　　我常常回忆起这次谈话,促使我产生了一种想法,感到在这方面是有工作可做的.因为在我看来,数学中最主要的成分始终是思想方法,而这确实是人类共同的思想源泉,即使作家或艺术家也可从中吸取营养.我在学生时代所经历的一件事,也许可以看成是这方面的一个例子.当时我和一些同学正在朗读肖伯纳的一个剧本,我们当时曾读到这样一个情节,剧中的勇士问女主角,她借以征服和支配那些最难以驾驭的人的秘密究竟是什么? 女主角沉思了片刻,然后回答说:也许在于以下的事实,就是她和任何一个人都不特别接近.这时正在朗读的那个同学突然叫喊起来:"我们今天所学的数学问题不也是这样的吗?"他所说的数学问题是这样的,即能否由某一点集外的一个点如此地趋近这一点集,以使它同时趋近于点集中的每一个点? 对于这一问题的回答是肯定的,只要点集外的那个点与整个点集具有足够远的距离,如下图所示.

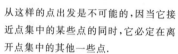

从这样的点出发是不可能的,因当它接近点集中的某些点的同时,它必定在离开点集中的其他一些点.

从这样的点出发是可以的.

对于那位作家所说的另外一些话,即如他永远也不能真正深入数学的核心中,又如他说他永远也不能理解微商的概念等,对此我是不大相信的.我尝试着把这一概念的确立过程分解为一些尽可能简单而又明显的步骤,然后逐步地对它进行解释,结果意外地使我认识到对于一个外行来说,即使是最简单的公式也可能显得十分困难.而且数学家甚至都无法想象出其中的困难程度.就像一个教师无法理解一个小孩可以几十次地去拼读 C-a-t,竟始终没能看出这就是 Cat(猫),而且它比"猫"具有更多的内涵.

以往的经验促使我进一步去思考,过去我总认为人们之所以对数学有如此之多的误解,完全是因为缺乏好的通俗读物.例如,关于微分学的通俗读物,公众对此显然是有兴趣的,对此只要看人们是怎样急切地去阅读任何可能得到的此类读物,但却没有任何一位真正的数学家曾写过这样的书.我所希望的是这样的专家,他能确切地知道能把问题简化到怎样的程度而又不致造成误解;他也懂得此处所需要的并不是给一粒苦药丸(对于大多数人来说,数学的确是一种带有苦味的回忆)包上一层令人喜爱的甜味的外壳.他应能恰如其分地揭示其中的关键之处,也应了解数学创造的乐趣,他还应能按读者的可接受程度去进行写作.但是我现在还真有点怀疑,像这种真正的通俗读物是否仍是不可理解的.

数学家最本质的特点也许是乐于承受前进道路上的艰辛.Euclid 曾对一位对数学感兴趣的君王说:"在数学中是没有专为君王铺设的道路的."这就是说,即使对于君王来说,也无法使得数学变得容易一些,你不能走马观花地去阅读数学书籍,数学中的那些不可避免的抽象性确实包含着某种"自讨苦吃"的成分,而数学家就是以"自讨苦吃"为乐趣的.上述结论对一般人来说也是适用的.因为,即使对于最简单的通俗读物来说,也只有那些能在一定程度上承受数学重担,并能不厌其烦地去弄清各个公式的详尽内容的人才能真正弄懂.

但是,现在的这本书却并不是为这些人写的.本书将采用不用任何公式的办法来讲授数学,并将着重讨论数学的思想方法.我不知道这一努力能否取得成功.由于不使用公式,使我丧失了一种基本的数学工具,然而对于形式的重要性,无论是作家或数学家都是清楚地认识到的.例如,只要设想一下,若不使用十四行诗的形式,那么又如何能使人们去欣赏和领略十四行诗的意境呢?但我却仍然想尝试一下,因为我相信,即使放弃了公式,数学的某些实质性的东西仍然可以得到保存.

但是我希望读者不要采取如下的"捷径",就是将某些章节留待以后去阅读,或者只是肤浅地浏览一下.须知数学大厦只能一砖一瓦地建造,其中没有一步是可以省略的.虽然这一点在这本书中,可能还不像那些过于追求严格化而直至令人厌烦的书中那样突出,但读者还是必须遵循书中所包含的一点很少的要求,即应认真地去研究图形,还应切实地去进行那些并不困难的作图和计算.我将保证不会提出更多的要求而使读者厌烦.

书中无须用到任何中学数学课上所讲授的内容,我将从计数开始,而最终将到达讲授数理逻辑这一现代数学的分支为止.

目 录

巫师的学徒

一　手指的游戏　/2

二　运算的"体温曲线"　/7

三　无穷数列的分组　/14

四　巫师的学徒　/21

五　基本课题上的变异　/28

六　我们穷尽了所有的可能性　/40

七　给灰色的数列着色　/52

八　"我想好了这样一个数"　/61

形式的创造性作用

九　不同方向上的数　/72

十　无限制的稠密性　/82

十一　我们又一次抓住了无穷　/92

十二　直线被填满了　/105

十三　图线变得光滑了　/117

十四　数学是一个整体　/130

十五　"记下来"元素　/145

十六　作坊里的秘密　/160

十七　"积小成大"　/176

纯推理的自我评论

十八　还有不同类型的数学　/191

十九　建筑物的基础　/202

二十　形式的独立性　/209

二十一　等待元数学的判定　/218

二十二　什么是数学所不能胜任的　/228

数学高端科普出版书目　/239

巫师的学徒

一　手指的游戏

让我们从计数的起源讲起,然而,我并不打算写一部有关数学史的著作,如果要写数学史,则就要在文字记载的基础上来写作了.而在这里,却要从远在有文字记载之前开始讲起.

就计数的起源而言,必须追溯到生活于原始环境中的原始人时代.在以后的讨论中,我们将经常提及原始人,而随着本书的深入展开,他将逐渐成长为有教养的现代人.对于那些对自身和周围世界的认识还处在蒙昧时期的原始人来说,所能进行的计数活动还只限于手指的游戏.那时的所谓"1""2""3""4"也许仅仅是一种缩写,借以表示"那只将要送去交换的小猪""这只留在家中的小猪""这个有烤牛肉的人""那个没有烤牛肉的人"等.我曾听医生说过,有些因脑部受伤而不会从一个手指数到另一个手指的人,就完全丧失了计数的能力.虽说手指的游戏和计数之间的联系并非自觉的,然而即使对于那些有教养的人来说,两者之间的联系依然还是甚为紧密的.我认为数学的起源之一就是人类喜欢游戏的本性.也正因为数学不仅是一门科学,至少在同等程度上来说,还是一门艺术.

我们可以设想,计数活动一开始就是一种有目的的活动.例如,原始人或许以计算兽皮的多少来掌握(了解)自己拥有的财富.但也可以设想,计数原来被看成是一种神秘的活动.事实上,至今还有一些精神压抑症患者,依然把计算视为一种魔术的秘方,借以控制某些被禁锢的思想.例如,他们总是先从 1 数到 20,然后再去思考其他事情.然而,无论计数的对象是兽皮还是时间,计数总是意味着在已明确了的对象的基础上再超出一个.我们甚至可以超出我们的 10 个手指,这样

就形成了人类的第一个伟大的数学创造,即自然数的无穷序列:

$$1, 2, 3, 4, 5, 6, \cdots$$

这一序列是无穷的,因为无论数到多么大的一个数,仍然可以继续数下去. 由于这些数都是真实的一种抽象,所以创造自然数序列,的确需要一种高度发展的抽象能力. 例如 3 既不是指 3 个手指,也并非指 3 只苹果或 3 次心跳等,而是指从所有这些对象中间抽象出来的一种共有的东西,即它们的数量. 至于那些很大的数,甚至不再是由现实中抽象出来的了,因为既没有人见过 100 万只苹果,也不会有人数到过 100 万次心跳,而仅仅是依据一种类比,即根据较小的数具有实际背景的事实,类比地想象出这些较大的数. 在这种想象中,我们可以越走越远,以至超过任何一个已经给定的数.

人们对于计数是不会厌倦的,不说别的,仅就重复的乐趣而言,就能使得计数不断地重复下去. 诗人对这种重复的乐趣是很熟悉的,因为他们总是重复地回到同一个韵律上去,亦即重复地回到同样声调的模式上去. 这是一种颇有生机的事情,犹如小孩从来不会对于同样的游戏感到厌倦. 但当儿童们不知疲倦地将球抛来抛去的时候,那种思想僵化了的成年人却会感到这实在是一种无聊的事情.

我们已经数到 4 了吗? 让我们再数一个数,然后再数一个,又数一个. 那么现在数到哪一个数了? 我们说已经数到了 7. 但如果我们直接加上一个 3,也会得出同样的结果. 为此我们就发现了如下的加法,即

$$4+1+1+1=4+3=7$$

让我们就这一运算来继续我们的游戏,即在 3 上面加上一个 3,再加一个 3,再加一个 3. 我们在这里已经把 3 加了 4 次. 对此,我们可以简单地表述为 4 个 3 就是 12. 也即

$$3+3+3+3=4\times3=12$$

这就是乘法.

如果我们对这种游戏的兴趣达到了难于停止的地步,那么我们还可按同样的方式,对乘法运算继续这种游戏,也就是用 4 去乘 4,再乘 4,这就获致

$$4\times4\times4=64$$

乘法的这种重复称为乘方,并把 4 称为底,而用一个字体较小的数码写在 4 的右上角,借以表示 4 自乘的次数,亦即

$$4^3 = 4 \times 4 \times 4 = 64$$

易见我们所得到的结果是越来越大的数,4×3 大于 $4+3$,而 4^3 又要比 4×3 大得多. 而当我们再去重复幂运算的话,则这种重复的游戏又将把我们带到更大的数字中去. 当我们以 4 的 4 次方作为 4 的指数时,由于

$$4^4 = 4 \times 4 \times 4 \times 4 = 64 \times 4 = 256$$

因此,我们就应把 256 作为 4 的指数,于是

$$4^{4^4} = 4^{256} = 4 \times 4 \times 4 \times 4 \cdots$$

我们没有耐心再继续写下去了,因为竟要连续写出 256 个 4,更不用说还要把它们乘出来了,这是个大得难以想象的数. 因而,尽管继续不断地进行重复依然是一种颇有意思的事,但常识告诉我们,不要再去对幂的重复定义什么新的运算了.

问题的实质也许是这样的,人类的天性是乐于去进行手头的游戏,然而只有那些常识上认为有用的数学游戏,才能获得永久的地位.

加法、乘法和乘方已被证明为对常识意义下的活动是十分有用的,因而它们在数学领域中获得了永久的公民权. 对于这些运算来说,我们已经找到了所有那些能使计算变得方便的性质. 例如,可以不用把 7 连加 28 次而直接算得 7×28 就是一个重要的进步,而如果把 7×28 再分解为 7×20 和 7×8 就更要简单得多,因为这两个乘法运算是十分容易的,由此即可看出最后的结果就是 $140+56$. 另外,在许多加项相加时,认识到以下的事实是很有用的,这就是加法的结果与相加的次序是无关的. 例如,对于 $8+7+2$ 的计算可进行如下:先求得 $8+2=10$,再在 10 之上加 7,这样我们就巧妙地避开了 $8+7$ 这一麻烦的加法,并较容易地得出了结果. 实际上只要注意到加法运算就是对被加的数目进行计数这一点,就易见改变加项的次序是不会影响结果的. 对于乘法来说亦有类似的情况. 然而,要确信乘法的可交换性这一点,却略要费事些. 因为 4×3 意味着 $3+3+3+3$,而 3×4 意味着 $4+4+4$,而如下的等式却并非十分显然的:

$$3+3+3+3 = 4+4+4$$

但只要略加作图,即可使之明白:让我们连续画出四行由三个点按照
‧‧‧式样构成的图形,亦即

$$
\begin{matrix} \bullet & \bullet & \bullet \\ \bullet & \bullet & \bullet \\ \bullet & \bullet & \bullet \\ \bullet & \bullet & \bullet \end{matrix}
$$

然后再连续画出三列由四个点按照

$$
\begin{matrix} \bullet & \bullet & \bullet \\ \bullet & \bullet & \bullet \\ \bullet & \bullet & \bullet \\ \bullet & \bullet & \bullet \end{matrix}
$$

式样构成的图形.每个人都可以看出,两次所作出的图形是一样的,这
就表明了 $4 \times 3 = 3 \times 4$.正因为如此,数学家就把乘数和被乘数统称为
乘法因子而不加区分了.

现在让我们来考查一下有关乘方的一个规则.如所知

$$4 \times 4 \times 4 \times 4 \times 4 = 4^5$$

如果我们对于一次完成如上由 5 个 4 连乘的运算感到有些头痛
的话,不妨可在中间休息一下.例如前 3 个 4 的乘积是 4^3,而余下的就
是 4^2.因此有

$$4^3 \times 4^2 = 4^5$$

最后结果的指数是 5,而 5 是等于 $3+2$,如此我们即可按指数相加的
办法来求得 4 的两个幂的乘积.这一结论在任何情况下都是正确的.
例如

$$5^4 \times 5^2 \times 5^3 = \underbrace{5 \times 5 \times 5 \times 5} \times \underbrace{5 \times 5} \times \underbrace{5 \times 5 \times 5} = 5^9$$

此处 $9 = 4 + 2 + 3$.

让我们对如上的论述作一概括,就可以看出正是由于计数才导致
了上述四个规则的出现.然而此处又可提出这样的问题,减法和除法
是怎样得到的?事实上,减法和除法不过是我们已有运算的逆运算
(开方和对数运算也是如此).例如,20/5 就意味着我们已知有两个数
的乘积是 20,而其中一个乘数是 5,要把另外一个乘数找出来.对于这
一例子来说,要找出这个乘数是不难的,因为 $5 \times 4 = 20$.但要寻找出
这种乘数并不总是那么容易的,因为甚至这种乘数是否存在我们也并
非很有把握.例如,要从 23 中整取 5 就不可能没余数,因为 $4 \times 5 = 20$
太小,而 $5 \times 5 = 25$ 又太大,这就迫使我们选取那个较小的数目,并且

说在 23 中能取出 4 个 5 而余下 3. 诸如此类的事情与那种重复的游戏相比, 确实是令人头痛的. 一般说来, 逆运算总要困难得多, 它们在数学研究中往往成为引人注目的东西. 因为人人皆知, 数学家都以克服困难为乐趣. 我们将在下文中展开这种逆运算的讨论.

二 运算的"体温曲线"

我们已经看到,运算的反复把我们在大数的范围内推向越来越高的高度.在此值得花费一点时间去思考一下,我们已经达到了怎样的高度.

例如,当我们想要计算立方体的体积时,就必然要用到乘方,我们可以选取某个较小的立方体作为单位,然后再去考虑在一个较大的立方体中,能容纳多少个这种小立方体.譬如说,我们选一个边长为一英寸的立方体,亦即长、宽、高均为一英寸的立方体作为度量单位.

让我们一个接一个地把四个立方体排成一列:

然后,再一列挨着一列地把四列排在一起,我们就获得了如下的一层:

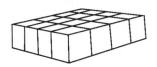

其中共有 $4 \times 4 = 4^2$ 个立方体.最后,如果我们一层接一层地把四层叠在一起,我们就得到了一个由 $4 \times 4 \times 4 = 4^3 = 64$ 个小立方体组成的大立方体.

现在让我们以另一种方式来看这件事.如果我们以长、宽、高均为4英寸的立方体作为出发点,它将可由 4^3 个小立方体构成.一般地

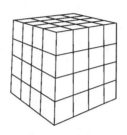

说,立方体的体积就等于其边长的三次方,这就是我们为什么把三次方称为立方①的原因.

立方问题的一个直接推论是边长并不大的立方体将具有很大的体积.例如1 000码是谁都能设想到的一个并不很长的距离.例如伦敦的 Charing Cross 马路就差不多是这么长.但我们若能构造出一个边长相当于 Charing Cross 马路那么长的立方体,其体积就将是如此庞大,以致可以容纳全人类.如果有人对此怀疑的话,则不妨实际地计算一下.因为没有人高于$2\frac{1}{2}$码($7'6''$),所以我们可以以$2\frac{1}{2}$码作为一层的高度.从而在1 000码的高度中即可作出400层.如果我们把每一层分割成1码宽的小方块,即如下图所示:

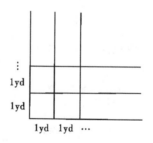

如此共有1 000条,而每一条中则有1 000个小方块.这也就是说,在每一层上将有1 000×1 000=1 000 000个方块,每个方块的长和宽都是1码,在这样的方块上,至少可以站5个人,因而在每一层上可站5倍于1 000 000个人,即500万个人.在400层上就有400个500万个人,亦即20亿个人.这就差不多是世界的总人口了,至少当我在1943年以前论及这个立方体时,世界的总人口还没有超过这一数字.

---

① 我知道教师会提出异议,认为应当这样说:边长的测度的三次方是立方体体积的测度.但我不准备用这种钻牛角尖的问题来使读者烦恼.因为我们还有更重要的问题需要考虑,这就是我们能否用英寸来度量任何立方体的边长,下面我们将回答这个问题.

但是立方体体积的计算还仅仅涉及 3 次幂的运算.而更大的指数运算将会更快地把我们推向大数中去.以下的一件事就曾使那个国王大为吃惊:象棋发明者向他要求看上去很少一点儿麦粒作为给自己的奖赏.发明者要求在棋盘的 64 个方格上按如下方式堆放这些麦粒:第一个方格上放上 1 粒;第二个方格上放上 2 倍那么多,即 2 粒;第三个方格上又放上 2 倍于前面一格上的麦粒,即 $2 \times 2 = 2^2 = 4$ 等.初看起来,这一要求是极为有限的.但当我们走遍所有这些方格时,则就遇见了 2 的越来越多的幂.而最终所应得出的麦粒数则为

$$1 + 2 + 2^2 + 2^3 + 2^4 + \cdots + 2^{63}$$

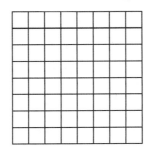

(我不愿意把 64 项全部写出来,计算时请把其中所有的乘方都考虑在内.)如果有人愿意把这个总数计算出来,他所得到的麦粒总数将是如此之多,以致能在整个地球的表面铺上半英寸厚的一层.

幂运算的反复竟能把我们推向如此巨大的高度.其实这也不必奇怪,因为这种例子很多.不妨再让我们指出这样一个事实,您知道 9^{9^9} 是一个多么大的数,若要把它写出来,就要长达 11 000 英里长的纸条(按每英寸上写 5 个数字计算),而且一个人花费一生的时间也未必能精确地把这个数计算出来.

当我回头阅读一下已经写好的文章时,我惊奇地发现自己使用了在数域中"推向愈来愈高"的表述方式.然而,数列

$$1, 2, 3, 4, 5 \cdots$$

明明是一个平放着的序列,所以我们只能讲越来越向右走,或者至多只能讲我们正在走向越来越大的数.上面那种特殊的表述方式事实上是受了某种气氛的影响.因为越来越大就意味着增长,而增长的含义就会使我们产生达到新的高度的意想.数学家使这种感情得到了精确的表达,他们常用图像来表现自己的意想,而那种反映增长速度极为

迅速的图像,就是一条十分陡峭地上升的图线.

　　患者对于这类图表是十分熟悉的,他们只要看一下自己的体温曲线,即可知道自己的病情的发展和康复的全过程. 假设如下的数据是按一定的时间间隔所量得的体温数字:

$$101,102,103,103,101,102,99,98$$

对此可用如下方法来表现. 首先让我们画一条水平线,并在其上用相

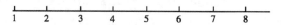

等的距离来表示相等的时间间隔,然后再选定一段距离表示 $1℉$,并由每一间隔的时点向上①画出表示患者在这一时刻的体温的距离. 由于人的体温不会低于 $97℉$,因而,我们可以把水平线的高度当作 97. 如此,我们就只需依次地在水平直线的间隔时点上方画出

$$4,5,6,6,4,5,2,1$$

按照这样的方式,我们就作出了如下的图形:

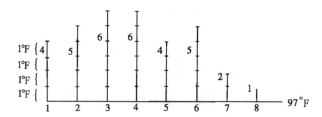

　　如果再把这些垂直线段的端点联结起来的话,则得到如下的图形:

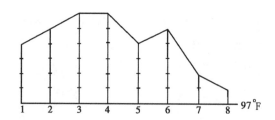

　　如此得出的体温曲线即可说明病情的发展状况,上升的线段表明了体温的上升;水平的线段表明病情的稳定阶段. 上图中开始的时候,体温的上升是均匀的,这由前两段连线有相同的倾斜度(事实上前两个线

---

① 这里所说的"向上",事实上也只是一种描述性的说法,因为在一张铺平了的纸面上,我们只能画出水平放置的线.

段在一条直线上）显示出来.此外,除了在第6个时点的左右间隔上病情略有反复以外,随后病情有了迅速的好转.事实上,从第6到第7个时点上的连线是迅速下降的,其下降速度超过所有上升的速度.

我们没有理由不对我们的算术运算也去画出相应的"体温曲线".

对于数字本身,通常是用类似的方式在一条直线上把它们表示出来的.在直线上任选一个点作为出发点,并称之为0,从这一点出发,依次地用等距离的点来表示依次相接的数字,即借助于这些距离来计数.

任何善于计数的人,均可在此直线上机械地去进行运算.例如,如果我们正在考虑2+3这一运算,那么只要从2出发,向右走3步,即可读出结果5.如果我们要考虑5-3,则就可以从5出发向左走3步等.

算盘正是按照这一原理设计的,它的算珠可在它的滑轴上向上或者向下移动.

让我们离开水平线而向上移吧.假设我们从某一确定的数,例如从3开始,再在这个数上加1、加2、加3等,并考查其增长的情况;进而再考查,当用1乘它、2乘它、3乘它时又是如何增长的;最后,让我们把3自乘1次、自乘2次、自乘3次等.再考查它是如何增长的.

让我们从加法开始,其中一个加项永远是3,另一个变动的加项则分别标记在水平线上,而以垂直向上的线段来表示,其对应的和为

$$3+1=4$$
$$3+2=5$$
$$3+3=6$$
$$3+4=7$$

如果我们用水平放置的一个线段⊢来表示水平线上的1,而用垂直放置的线段⊥来表示垂直线上的1.那么,加法的"温度曲线"便如下图所示:图中各个垂直线段的端点都落在同一条直线上,这表明和数是随着加数的增大而均匀地增长的.

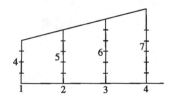

在乘法的情况下,我们有

$3 \times 1 = 3$
$3 \times 2 = 6$
$3 \times 3 = 9$
$3 \times 4 = 12$

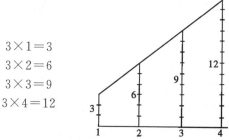

由此也可看出,当我们增大一个乘积的因子时,积的增长也是均匀的.不过积的增长速度要比和的增长速度快得多.此处联结垂直线段端点所作出的直线是较陡峭的.

最后,就乘方而言,则有右图:

由图可看出,乘方的增长不再是均匀的了,而是增长得越来越快,以至在这一页纸上至多只能画出 3^4,这正是我们常说某种效果"指数般地增长"这一说法的根源.

用同样的方法,我们可以作出逆运算的图线.例如,对减法而言,我们有

$3 - 1 = 2$
$3 - 2 = 1$
$3 - 3 = 0$

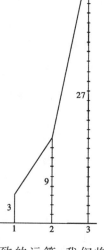

这是一条下降的直线.因此,当减项增大时,差就均匀地减少.

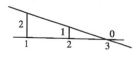

除法将是一种更为细致的运算,我们将在后面的章节中给出它的图线.

最后,我还要作一注释,这就是要指出我们在此处所论及的东西,正好是数学家所说

的函数的图示法. 和是依赖于变项的值的选择的. 对此, 我们可以说, 和是变项的函数, 我们曾已表述过这一函数的增长情况. 同样地, 积是它的变因子的函数. 幂是它的指数的函数等. 事实上我们一开始讨论运算的时候就面对面地遇到了函数. 下面我们还将对函数关系进行考查, 须知函数的概念正是整个数学结构的支柱.

三 无穷数列的分组

自我们开展手指的游戏以来，已经走过了很长的一段路程. 如果我们已经忘记了我们仅有 10 个手指的事实，那也仅仅是因为我不希望用大量的计算来麻烦读者，否则的话，读者早就会注意到，无论我们所写下的是一个多大的数，我们仅仅使用了 10 个互不相同的符号，即

$$0,1,2,3,4,5,6,7,8,9$$

怎么可能仅用 10 个符号就能写出无穷数列中的任何一个数呢？这是通过对无限地增长着的数列进行分组的办法来实现的. 当我们累计到 10 个单位时，我们认为对此仍然是可以一目了然的，因而就把它们视为一个整体，并把这一整体称为"十"，也就是将十作为由 10 个单位构成的整体的名称. 犹如我们可把 10 个银质先令换成一张 10 先令的票据一样. 这样，我们就可用较大的步子来进行计数了，即十个十个地前进. 进而，我们又把 10 个视为一整体，可以设想我们用一条绸带把它们捆在一起，并写上 1 个"百". 如此继续下去，我们又可把 10 个百视为 1 个"千"，10 个千视为 1 个"万"，10 个万视为 1 个"十万"，10 个十万视为 1 个"百万"，等等. 按如此的方式，每个自然数均可借助于上述十个符号写出来. 当超出 9 时，我们就重新写出 1 来表示 1 个十，在十以后的一个数是由一个十和一个单位构成的，它可用两个 1 写出来. 但是，要写出上面这些数时，我们还要用到"十""百"等词汇. 有一个巧妙的办法可以避免使用这些词汇：商店的老板把他的 1 先令、2 先令和半克朗的硬币放在钱柜的不同的小格中，小的硬币放在右边，因为他经常要用以找零，而越往左边的格子中，则放置越来越大的钱币. 商店的主人对他这一安排是如此熟悉，以致他不看也能知道，例如他从

第三格中所捡起的是什么钱币. 按照同样的方式, 我们可对放置个、十、百等的位置作出规定: 我们把个位数写在最右边, 然后自右向左地写出越来越大的单位数, 即第二位是十位数, 第三位是百位数, 等等. 这样我们就无须再用个、十、百等词汇了, 因为只要依据它们的位置即可了解该数字代表的数值了. 例如, 在这种位值制的规定下, 符号

$$354$$

就是由 3 个百、5 个十和 4 个一组成的. 这也就是所谓十进位制的含义所在.

但是, 我们的确没有理由认为只能用十进位制来计数, 也即认为不能按少于 10 个或多于 10 个的数来进行分组. 我曾经听说过有这样的原始部落, 他们的计数知识是由 "1" "2" 和 "多" 建立起来的. 但即使这样, 我们仍然可以为他们构造出一个数系, 我们可以按两个一组地对数进行分组. 因之, 2 就是一个新的单位, 即一个二, 两个二又是另一个单位, 即一个四, 两个四是八, 等等. 在如此的数系中, 我们仅用符号

$$0,1$$

就能把任何数都写出来, 对此可轻而易举地按如下方式说明之. 假定我们拥有如下的分币:

换句话说, 就是假定我们把二进位数系中的单位做成了分币的形状, 那么我们如何用最少数量的分币去构成 11 呢? 显然, 用以下三个分币:

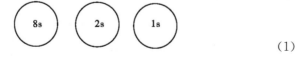

$$(1)$$

就可以得出 11, 而如果用更小数量的分币就无法构成 11 了. 类似地

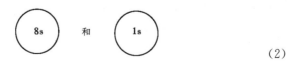

$$(2)$$

构成了 9, 而

（3）

则构成了 15. 读者不妨一试,从 1 至 15 中的任何一个数,均可用以下四个分币

按这样的方式构造出来,其中每个分币至多使用一次, 即或者使用 0 次,或者使用 1 次(但我们无法按同样的方式构造出 16,这也不必奇怪,因为 $2 \times 8 = 16$,故"十六"便是下一个单位了). 按例(1)可知,11 在二进位数系中可写成

1011

实际上,这无非是意味着 1 个一、1 个二、0 个四和 1 个八,而这些数合在一起的确构成了 11. 类似地,由例(2)和例(3)可看出,9 和 15 在二进位数系中可分别写成

1001,1111

所以,确实仅用两个符号就够了. 这里,还应花点时间做些反面的练习.

二进位数系中的 11101,在十进位数系中就意味着等于 1 个一、1 个四、1 个八和 1 个十六,即 $1 + 4 + 8 + 16 = 29$.

数系有什么用? 如果我们用这种方式保持数系的简洁性的话,各种运算都将变得简便得多. 例如对加法来说,就只需把个位和个位、十位和十位的数字相加. 商店老板不是以乱七八糟的方式来计算自己的收入的,而是分别地先对每个小格中的钱币进行计数,然后再把它们加起来求和. 在数学的发展中,追求方便是一个经常发挥作用的重要因素. 最不方便的运算要算是除法了. 但是,也许正是除法运算中的这些麻烦,对数列的分组给予了最早的促进. 如果除法能以没有余数地进行下去时,那么多么令人高兴. 事实上,是存在着这样一些很好的、友善的数,对此确有许多数可以整除它. 例如 60 就是这些数中的一个.

$$60=\begin{cases} 1\times 60 \\ 2\times 30 \\ 3\times 20 \\ 4\times 15 \\ 5\times 12 \\ 6\times 10 \end{cases}$$

因此，$1,2,3,4,5,6,10,12,15,20,30,60$ 均可整除 60. 从而，如果我们希望用这 12 个数中的任何一个来作为除数的话(其实把 1 包括在其中是没有意义的，因为用 1 来做乘法或除法都是不起作用的)，我们就只需数出 60 个 1，再数出 60 个 1，等等，直到不足 60 为止(不要忘记，任何数都是一个一个地数出来的). 这种分割是十分容易的，但由于所剩下的数不会超过 59，即已经不是一个很大的数了，因此，对它做除法，即使除不尽，也没有多大困难了. 按照这样的观点，我们即应把数按 60 来分组. 古代也确实引进了 60 进位制的数系，借以作为与天文活动有关的角和时间的度量. 直到今天，我们仍然把整个圆周的 $6\times 60=360$ 分之一称为 1 度；而 1 度又被分为 60 分；1 分再分为 60 秒. 再把 1 小时分割为分和秒时也是类同的情况.

　　然而 60 毕竟还是一个较大的数，因此运算起来还是不大方便. 就靠近 10 的数来说，要算 12 的因子数最多：

$$12=\begin{cases} 1\times 12 \\ 2\times 6 \\ 3\times 4 \end{cases}$$

因为 $1,2,3,4,6,12$ 这六个数全是 12 的因子，而 10 却只能被 $1,2,5,10$ 这四个数所整除. 至今还可见到使用十二进位制的痕迹，例如一年有 12 个月，12 个称为一打，等等. 但是，十进位制还是取得了优势，这很可能是由于和应用相比，手指的游戏对人类有更大的影响. 法国人还一度做过脚趾的游戏. 正因为这样，他们才会把 80 称为四个 20 (quatre-vingt)，这说明他们曾习惯于二十进位制数系的使用.

　　由于我们通常都使用十进位制，因此让我们来看看这一数系对除法来说有些什么优点.

　　首先，如果我们用 10 的某个因子，即如 2,5 或 10 本身来作为除数时,十进位数系就具有明显的优越性:10 的每个因子都可整除 10,以及 2×10 即 20,3×10 即 30 等,直至 10 的所有整数倍,它们还可整除 10×10 即 100,2×100 即 200,3×100 即 300 等,直至百的所有整数倍.如此,我们就可以看出,2,5 和 10 可以整除十位、百位、千位数等.而唯一不能确定的只是它们能否整除个位数上的数字,但后者已经是不难解决的了.例如 10 比个位上的任何一个可能的数都要大,因而,不论这个个位数是多少,它总不能被 10 所整除.这也就表明,只有不具有个位数的数才能被 10 所整除.通常用 0 来表示没有个位数,因而我们就获得了如下为大家所熟悉的规则,即只有以 0 为结尾的数才能被 10 所整除.由于能被 5 所整除的个位数只有 5 自身,因而能被 5 整除的就只是以 0 或 5 为结尾的数.又由于 2 能整除 2,4,6,8,故 2 可整除那些以 0,2,4,6 或 8 为结尾的数,这些数被称为偶数.

我们虽已穷尽了 10 的所有因子,但并没有穷尽十进位数系中所固有的各种可能性.因为这一数系的下一个单位是 100,这就促使我们去考虑 100 的各个因子,例如 4 虽不能整除 10,却能整除 100,因为 $4 \times 25 = 100$,因而 4 亦能整除 2×100 即 200,或 100 的任何整数倍,直至 10×100 即 $1\ 000$,并由此而能整除所有的千,等等.唯一不能确定的只是它能否整除十位或个位上的数字,因而,当我们要判定任何一个不论多么长的数能否被 4 整除时,我们只要对最后的两个数进行检查即可.例如

$$3\ 478\ 524$$

是能被 4 所整除的,因为 24 能被 4 整除.由于对于前面的五个数字可以当成不存在一样,因此我们就能一下子看出这一结果.类似地,我们也可一眼看出

$$312\ 486\ 434$$

是不能被 4 所整除的,因为 4 不能整除 34.

在讨论 100 的各个因子以后,我们即可讨论 $1\ 000$ 的各个因子,例如 8 不是 100 的因子,因为它只能整除 80,而不能整除余下的 20.另一方面,8 却是 $1\ 000$ 的因子,因为 $1\ 000$ 可以分割为如下的和:即 $800 + 160 + 40$,而 8 能整除其中的任何一个部分.因此 8 能整除所有的千、万、十万等.从而当我们要确定任何一个不论有多么长的数能否

被 8 整除时,只要考虑其最后的三位数即可.

现在我们已经获得了判定某些特定的数,是否为其他一些数的因子的方法.如果这些数为 10 的因子,则仅需考查个位数就可以了.如果不是,那我们应当进而去考查其是否为 100 的因子,或 1 000 的因子,或 10 000 的因子,相应地,这时就要检查越来越多的数位了.当然,也有这样的数,它既不是 10 的因子,也不是 100 的因子,又不是 1 000的因子,甚至不是十进位数系中任何一个单位数的因子.事实上,大部分的数都是这种数.但我们可以通过类似的研究,便可找出它们的一些规律,最为简单的例子是 9:

$$10=9+1,100=99+1,1\ 000=999+1,\cdots$$

所以 9 不可能是 10、100 或 1 000 的因子,因为我们用 9 去除它们中的任何一个都要余下 1;然而,正是由于总要余 1 的事实使我们获致了一个关于可整除性的简明规则,那就是当我们用 9 去除 10 时将余下 1,用以除 20 时将余下 2,除 30 时将余下 3.一般地,当我们用 9 去除十位上的数时,则被除数中有多少个 10 就将余下多少.同样地,当用 9 去除 100 时将余下 1,用以除 200 时将余下 2,一般地用 9 去除百位上的数时,被除数中有几个百就将余下几,等等.因而当我们要判定一个数能否为 9 整除时,最好先把这个数分割为个、十、百等.例如

$$234=2\ 个一百+3\ 个十+4\ 个\ 1$$

由于当用 9 去除 2 个一百时将余下 2,除 3 个十时将余下 3,除 4 个一时将余下 4.如此总共余下

$$2+3+4=9$$

这表明余数的和是一个能被 9 所整除的数.因而 234 为一个能被 9 所整除的数.如此,我们就获得了我们所要寻找的一个规则:如果某数的所有数码之和能为 9 所整除,则该数必能为 9 所整除.一个数通常不止一个数码,而这些数码之和,要比该数本身小得多,从而就能很快地判定它是否能被 9 所整除.例如让我们来检查如下的一个数是否能被 9 所整除:

$$2\ 304\ 576$$

其各个数码之和为

$$2+3+4+5+7+6=27$$

而每个懂得乘法的人都能一眼看出,27 能被 9 所整除. 另一方面,如

$$2\ 304\ 577$$

却是不能为 9 所整除的,因其各个数码之和为

$$2+3+4+5+7+7=28$$

而 9 是不能整除 28 的.

迄今我们所做的一切都是为了避免除法所引起的困难. 但在克服这些困难的同时,我们的研究产生了丰富的成果. 在从事这一工作的同时,我们偶然地得到了那些意料之外的、令人有趣的关系,这就使我们充满了信心,以致敢于去面对那些不能整除的除法,而这将把我们引向最大胆的数学思想.

四 巫师的学徒

整除性的概念还导致了其他许多有趣的结果,对此是值得花费一些时间来做一番游戏的.例如,"孪生数"的发现就是这些有趣的结果之一.如果把两个数其中一个数的各个真因子加起来正好等于另一个数,则称两个数是孪生的.但要注意,通常不把某数本身看成是该数的"真"因子的,例如 10 的真因子只有 1,2,5 三个.在此意义之下,220和 284 就是所说的这种孪生数,因为

$$220 = \begin{cases} 1 \times 220 \\ 2 \times 110 \\ 4 \times 55 \\ 5 \times 44 \\ 10 \times 22 \\ 11 \times 20 \end{cases}, \quad 284 = \begin{cases} 1 \times 284 \\ 2 \times 142 \\ 4 \times 71 \end{cases}$$

从而 220 的真因子之和便是

$$1+2+4+5+10+11+20+22+44+55+110=284$$

并且 284 的真因子之和为

$$1+2+4+71+142=220$$

此外,还有所谓"完备数"的概念.如果一个数等于其自身的真因子之和,这个数被称为完备数.例如 6 就是这样的一个数,因为 6 的真因子是 1,2,3,并且

$$1+2+3=6$$

在古代人们认为这种数具有某种神秘的性质,从而致力于寻找更多的完备数,他们确实也发现了一些完备数.例如,容易验证 28 也是

一个完备数. 事实上

$$28 = \begin{cases} 1 \times 28 \\ 2 \times 14 \\ 4 \times 7 \end{cases}$$

$$1 + 2 + 4 + 7 + 14 = 28$$

别的完备数就都是比较大的数了. 那些已经发现的完备数都是偶数. 古代学者甚至还给出了构造偶的完备数的一般方法. 然而直到现在, 我们既不知道这种方法是否在某些地方还会出问题, 也不知道这种方法能否构造出任何一个完备数. 此外, 至今还没有人发现过奇的完备数, 这种奇的完备数是否存在, 也是一个尚未解决的问题.

究竟应当如何来看待这一切呢? 人们原是有目的地去创造自然数系的, 其目的无非是为服务于计数和由计数派生出来的运算. 然而, 当自然数系一经创造出来, 人们却无法驾驭它了. 自然数序列获得了一种独立的存在性, 以致对它本身所固有的法则和特殊性质不能再有任何变更, 这是人们在创造自然数系时所意想不到的. 正如巫师的徒弟面对着他自己创造出来的神灵显得瞠目结舌一样, 数学家从虚无中创造了一个新世界, 而这个新世界却以它那种神奇和出乎意料的规律控制着数学家. 从此, 数学家就不再是一个创造者, 而仅仅是一个探索者了, 他探索着他自身所创造的那个世界的秘密和关系.

这种研究之所以如此吸引人, 乃因从事这一研究无须任何事前的训练, 而只需有两只充满好奇心的眼睛就可以了. 有一天, 我们的一个小学生, 他只有十岁左右, 跑来问我这样的一个问题: "当我还在初小的时候, 我就注意到如下的事实, 即当我把直至某个奇数, 例如直至 7 的所有自然数相加起来时, 其和正好等于该奇数与其'中间数'的积, 例如 7 的中间数是 4(在此所谓中间数的含义是指 4 正好位于 1, 2, 3, 4, 5, 6, 7 的中间), 并且 $7 \times 4 = 28$, 而直至 7 的自然数之和

$$1 + 2 + 3 + 4 + 5 + 6 + 7$$

也等于 28, 我知道这一结果是对的, 但不知道为什么?" 我对自己说, 此乃因为它是一个算术级数. 但是我又如何能在他现有的理解水平上去向他解释呢? 最后, 我把这个问题带上了课堂. 我告诉同学们, "Susie 提出了一个很有意思的问题". 然后我把 Susie 的问题重述了一

遍.我刚刚讲完,一个聪明的小女孩就举起了手,她是如此地激动,以致差一点从座位上栽下来."Eve,我想你一定搞错了,你不可能如此迅速地找到答案的."但 Eve 坚持认为她已经找到了答案."行,那你就说说看."我鼓励她说.

"Susie 所说的 7×4,无非是指

$$4+4+4+4+4+4+4$$

Susie 用它来取代

$$1+2+3+4+5+6+7$$

在此以 4 取代 1 时多出 3;但以 4 取代 7 时却少了 3,如此,它们就互相抵消了.同样地,4 比 2 多 2,但要比 6 少 2,因而它们又抵消了.用以取代 3 和 5 的 4 也是这种情况.从而这两个和就是相同的."

我不能不给 Eve 以应有的称赞,因我自己也甚至给不出这样好的解释.

那些没有任何成见的小探索者做出了一些不平常的观察.另一个小孩 Mary 说:"这就和练习本是一样的.""这是什么意思?"她回答说:"这里的第一项和最后一项是互相抵消的.然后,第二项与倒数第二项互相抵消,练习本中的纸页也正是用同样的方法连接起来的;第一页与最后一页,第二页与倒数第二页."这些小研究者是被一种纯粹的兴趣所驱使,而德国大数学家 Gauss 却在初小时就出于实用的考虑发现了这种关系.这一故事是这样的:有一次,Gauss 的老师想在课堂上休息一会儿,因此他给班上的学生出了一道冗长的计算题,即把 1 到 100 的自然数全部加起来.但他却没有得到休息,因为 Gauss 很快就宣布了求和的结果是 5050.教师不能不承认这一结果是正确的.但他不能理解 Gauss 为什么能算得如此之快.Gauss 说:"我注意到 $1+100=101$,$2+99=101$,$3+98=101$,等等,并且总是得到这样的 101,而其中最后一个是 $50+51=101$.如此,在 50 次这样的加法运算之后,首尾两项就在中间相遇了,从而应有 $50 \times 101=5\ 050$."

小 Gauss 求得了直至某一偶数的所有自然数的和,并由此而得出了一个求取包含如此多项的加法的和的巧妙方法.而我的学生 Susie 也得出了这样的方法,只是他所到达的是一个奇数.我们只要稍加论述,即可把他们的这两个过程统一起来.

这里有一个关于对牧场上的羊群进行计数的著名的笑话. 有一个人说:"在这个牧场上共有 357 头羊."当人们问他是如何求得这一数目的,他回答说:"这很简单,我先数得了所有羊腿的数目,然后再除以 4,便得到羊的数目."数学家所干的也就是这样的事情. 例如,当我们要把直至某一确定的自然数的各个自然数求和时,不论这一确定的自然数是奇数还是偶数,我们可以不假思索地通过先求首项与末项之和,再求第二项与倒数第二项之和,如此等等. 这就能求得所求和的两倍. 我们可以用两种不同的方式写出所要计算的和式来进行计算.例如

$$1+2+3+4$$
$$4+3+2+1$$

或

$$1+2+3+4+5$$
$$5+4+3+2+1$$

这样,在每一列中出现的正是我们需要把它们相加的两个数. 现把每一列的和统统加起来,则就分别得到:

$$5+5+5+5=4\times5=20$$

和

$$6+6+6+6+6=5\times6=30$$

这就是所要求的和的两倍,用 2 整除,就得到我们所要求的和数. 它们分别为 10 和 15,并且事实上就有

$$1+2+3+4=10$$

和

$$1+2+3+4+5=15$$

由此即可看出,在此情况下,我们是用项数去乘首项与末项之和,然后取其一半,这就包括了 Gauss 和 Susie 所得出的结果. 在 $1+2+3+4+5+6+7$ 的情形下,首项与末项之和为 8,再乘以项数即为 $7\times8=56$,取其一半便是 28;在 $1+2+3+\cdots+100$ 的情形,其首项与末项之和为 101,再乘以项数便是 $100\times101=10\ 100$,取其一半便是 5 050.

由此还可立即看出(我班上的学生也很快就注意到了这一点),这一规则不仅可以应用于依次相接的有限多个自然数之和,并且还可应

用于依次等差的诸自然数的求和计算.例如(可从任何数开始)：

$$5+7+9+11+13$$

此处每个数比前一个数大 2；又如

$$10+15+20+25+30+35$$

此处相邻两项之差均为 5.对于如上这种情况来说,同样地,首末两项之和,第二项与倒数第二项之和,等等,都是彼此相等的.如在第一个例子中,

$$5+13=18,\quad 7+11=18$$

等等.

为求得第一例的各项之和的两倍,我们还要考虑 $9+9$,其中和也是 18；在第二个例子中,则有

$$10+35=45,15+30=45,20+25=45$$

等等.

如上这种等差数列被数学家称为算术级数.

有趣的是在数学的其他分支中,我们也遇到了类似的论述.例如那种用以计算算术级数和的方法,在面积计算中就是十分有用的.当然要求出长方形的面积是十分容易的,这甚至比立方体体积的计算还要容易.我们可选取一个小正方形作为单位,然后再去检查所论的长方形是由多少个 □ 这样的单位正方形构成的.

例如,让我们选取边长为一个单位的正方形,亦即长和宽均为一个单位的正方形作为单位.再让我们把这样的单位正方形一个靠着一个地排成一行：

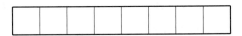

实际上,这就已经是一个长方形了.当然,还可使之加宽,例如,我们可把如上那样的三行,一行接着一行地连在一起,所得出的长方形就包含了 $3\times 8=24$ 个小正方形.

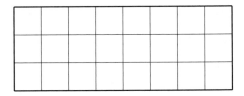

反过来,如果我们从一个长为 8、宽为 3 个单位的长方形出发,那么它就将是一个能容纳 3 × 8＝24 个单位正方形的长方形. 通常我们可以通过长方形相邻两边之长度相乘而求得它的面积.

应当注意,长方形的相邻两边构成了直角(有时也被说成相邻两边是互相垂直的),对于直角,我们必须精确地予以把握. 例如,当我们建造房屋时,墙角的一边,就既不能像锐角那样向另一边倾斜,也不能像钝角那样倒向另一侧,

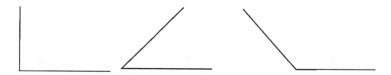

在由三条直线围成的图形,即三角形中,能且只能有一个直角,读者可以去尝试一下,无论怎样画法,另外两个角始终是锐角.

直角三角形中直角的对边叫作斜边.

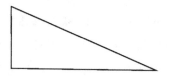

由于直角三角形中包含有锐角,因此无论我们采用怎样的方法,我们总无法用小的单位正方形构造出直角三角形.

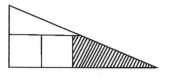

例如,就开始的第一排而言,我们就略去了阴影部分的面积. 所以目前的面积计算就确实是个问题.

然而这一问题是很容易解决的,虽然我们无法直接求得一个直角三角形的面积,但我们能求得两个直角三角形面积. 让我们把一个同样的直角三角形倒置于其上,并使其斜边互相重合,如此我们就得到了一个长方形:

对于该长方形的面积,我们是会计算的,只需将其相邻两边之长相乘即可. 该长方形的相邻两边实际上就是该直角三角形的两条直角

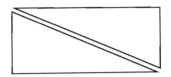

边.如此,我们就可求得直角三角形面积的两倍,把所获结果以 2 除之,即为直角三角形的面积.因而计算直角三角形面积的方法,无非就是将两条直角边之长相乘再除以 2.

如果我们追随那个在两千年之前就为我们留下了一部非常完整的数学著作的 Euclid 的研究,则如下的事实将显得更加明显,即这里的论述与有关算术级数求和的论述是类似的,Euclid 喜欢用几何的形式来表达数的性质,对他来说,用以表示 1,2,3,…的符号是

从而,如下的求和

$$1+2+3+4$$

就可用如右图所示"阶梯三角形"来表示。如此,在讨论算术级数求和时所说的方法,即在求和式下面按相反顺序再写一遍求和式的方法,在我们这里便成了把

另一个同样的阶梯三角形倒置于其上,即如左图所示。

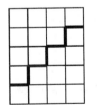

如此,1 被置于 4 之上,2 被置于 3 之上,3 被置于 2 之上,并且 4 被放在 1 之上.由于每处都是 5 个小正方形,因此总共有 $4 \times 5 = 20$ 个正方形,这和以下的事实是相对应的:即以长 4 个单位,宽 5 个单位构成的长方形,其面积为 4×5 个单位.由于阶梯三角形的面积为长方形的一半,因此所得出的就是我们所要求和的两倍,故取其一半便是所求之值.如此我们就可明显地看出,在算术与几何语言中,我们所使用的论证方法是完全相同的.我们将会看到,这一论证方法还有很多新的变种.

五　基本课题上的变异

　　在什么情况下，我们要对自 1 至某数的全体自然数求和；如下的问题看来与上一节的课题完全是两回事，却也导致了完全相同的求和过程.

　　我们早已遇到过三角形和四边形，一般地由直线所围成的图形叫作多边形.

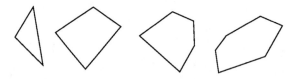

　　如上这些图形是所谓的"凸"多边形，它们和如下的那些图形不同，在任何地方都没有任何缺口.

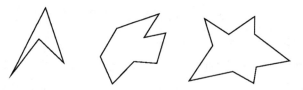

　　精确地说，后者与前者的区别在于，后者至少有这样一条边，把它延长时能把图形分割为两个图形，如下图所示.

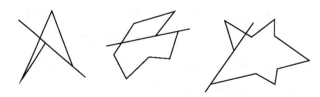

　　读者不妨亲自动手试一试,要想对前者实行如上的分割是不可能的.通过动手就可以对两种图形之间的这一区别留下深刻的印象.下面专门对凸的图形进行讨论(对于立体的几何图形来说,也可做出同样的区分).

　　连接不相邻的两顶点的线段称为对角线(连接相邻两顶点的线段便是它的一条边而不是对角线).例如,在下图中我们可以任意地画出一些对角线.

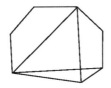

　　现在有这样一个问题,即任给一多边形,譬如说给了一个八边形,那么我们在其中一共能作出几条对角线?即使我们把它所有的对角线都作出来了,也难以把它们一一数清,因为它们在图形上纵横交叉地叠在一起.

　　如果我们暂不区分相邻与不相邻的顶点,亦即暂时把边也计算在内,那么问题就能得到适当的简化.如所知,对于八边形来说,不论如何总归只有 8 条边,因之只要在各个顶点的所有连线中减去 8 就是对角线的总数了.

　　如此,我们就按如下方式来重新提出问题,给定一个八边形的 8 个顶点:

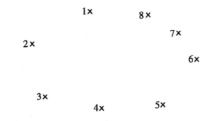

　　试问一共有多少种把它们两两连接起来的方法?对此看来可有

两种不同的解决方案,其一是把点 1 与其他 7 个点先连接起来,这就得到 7 条连线.

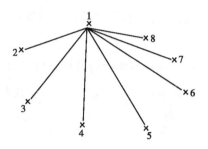

再将点 2 与点 1 以外的各点连接起来,这里点 2 与点 1 已经连接过了,故不再重复,如此,我们又作出了 6 条连线.

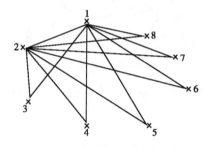

然后再将点 3 与已经连接过的那两点以外的各点连接起来,这就又得到 5 条新的连线.类似地,由点 4 出发又可得 4 条新的连线;点 5 又再得 3 条;点 6 又得 2 条;点 7 再得 1 条.当然,对于点 8 来说,就没有什么新的连线了,因为此时点 8 已与每个点都连接过了.如此我们就总共得到了

$$7+6+5+4+3+2+1$$

条连线.把和式中各项的顺序逆转过来写便是

$$1+2+3+4+5+6+7$$

条连线.

对这些连线进行计数的另一种方法是这样的:让我们先考虑从每个顶点能彼此独立地作出几条连线.因为每个顶点均可与其余 7 个顶点连接起来,故可作出 7 条连线.让我们进一步分析下去,既然从每个顶点可独立地作出 7 条连线,那么,从 8 个顶点就总共作出 8×7 条连线,但这不是我们所要寻找的结果,因为既然每条线连接了两个顶点,那么在所说的计数方法下,诸如连接点 1 与点 6 的线,既被计算在由

点 1 出发的各条连线中,又被计算在由点 6 出发的各条连线中.这表明每条连线都被计算了两次,因而正确的结果应该是 8×7＝56 的一半,即 28.

两种计数方法所得出的结果应该是相同的,事实上

$$1+2+3+4+5+6+7$$

就是 8×7 的一半,而这也正是我的学生 Susie 所得出的结果.

这一课题还可进一步变形,亦即所说的问题还可用如下的不同方法来进行表述:由于每条线都连接着两个不同的顶点,因而所说的问题实质上就是问从 8 个顶点中任选 2 个顶点的方法一共有几种? 由此可见,课题中所论的是否为顶点一事,乃是无关紧要的.所说的问题也可被表述为这样的问题:口袋中有 8 个不同颜色的球,试问共有多少种选取两个不同颜色的球的方法;或者也可说成有 8 个儿童,问共有多少种选出两个儿童的方法? 所有诸如此类的问题,均可数学地表述为从 8 个不同的元素中共能产生多少种互不相同的二元组.

如果我们用数 1,2,3,4,5,6,7,8 来表示八个元素,那就共能产生如下这么多种二元组(或简单地叫作数对):

```
12   23   34   45   56   67   78
13   24   35   46   57   68
14   25   36   47   58
15   26   37   48
16   27   38
17   28
18
```

我们可以清楚地看到这些数对的总数(自右至左)是

$$1+2+3+4+5+6+7$$

另一方面,我们也可以这样说,任何一个元素都可与其余 7 个元素配对,因而 8 个元素将产生 8×7 个数对,但每一数对都计算了两次,一次是以数对的第一个数去进行配对时计算的,另一次则是在数对的第二个数去进行配对时计算的.故正确的结果是 8×7 的一半.由此可见,尽管出发点可能互不相同,但都导致了相同的结果.对于这种一般的结果,我们就只能用公式的形式来表述了.为此,我们必须提醒读者,在数学中,括号所表示的东西也是同样重要的:放在括号内的东西,正是数学家希望对它们的相关性特别予以强调的东西.例如,

(2+3)×6 就意味着我们必须用 6 去乘 2+3,即用 6 去乘 5. 如果不用括号而写下 2+3×6 时,这就意味着在 3×6 之上再加 2[此处有一约定,那就是规定乘法的结合力强于加法,因而后者不必写成 2+(3×6)]. 此外,任何人都知道 4,6,10 的一半可分别写成 $\frac{4}{2}$,$\frac{6}{2}$,$\frac{10}{2}$ 的样子. 并且,一般地说,除法均可用这种分数的形式表示出来. 当我们以 n 来表示那个我们要对之求和的一串数中最大的一个数时,那么首项与末项之和便是 $1+n$,对此我们必须以项数 n 来相乘再除以 2. 因此,我们所讨论的基本课题的各种变异就均可概括成如下的公式:

$$1+2+3+\cdots+n=\frac{(1+n)n}{2}$$

数学实际上是一种语言,这是一种完全以符号来表述的特殊的语言. 如上的那个公式就是这样的一种符号,它本身没有什么意义,每个人都可按照自己的经验来对它做出解释. 例如,对某个人来说,它可能意味着关于多边形对角线的计数;而对另一个人来说,则可能意味着在一群学生中选取两个领队学生的可能方法的总数. 公式的得出显示了这样一种乐趣:就是对于所有这类问题,我们能以一种统一的论述来加以回答.

关于无度量几何的附注

我们已经认识了两个新的课题,其一是关于几何的,另一个是关于算术的. 现在我们首先想把那个几何的课题再向前推进一步.

让我们再来看一看那个表示多边形所有对角线的图形. 图中不仅各条对角线是如此纵横交叉,以至难以理出头绪,对角线之交点又是如此众多. 幸亏这是一个凸多边形,其顶点都在外面,从而才不致把那些顶点和对角线交点混杂在一起. 如果那些对角线都是用固定在各个顶点的牛皮筋做成的,从而使我们能把每一条对角线向上空提起来,那么就能把整个问题变得简单一点. 因为我们可从一条对角线出发,然后将第二条稍加提高一点,再把第三条提得比第二条稍高一点,如此这些对角线就不再纽结重叠在一起了,这样,在计数时就方便得多了. 须知,在把各条对角线拉长或缩短时对角线的数目是不会改变的.

在几何学中有一个叫作拓扑学的分支,它所讨论的正是图形的这样一些性质,这些性质在把图形任意地拉长或压缩(就像我们的图形是用牛皮筋做成的那样)时是保持不变的. 人们把这种研究划归于几何学的范围,简直是一件怪事. 因为在这里并没有任何与长度和角度的度量有关的事情,它们在图形的拉长或压缩中可能保持不变. 从我们的观点来看,这种研究的兴趣乃在于这是一门我们详知其起源的新学科,在我们的眼前清楚地展现出这样一幅图画:数学的这一分支是如何从一则游戏发展起来的.

这一游戏就是一个与哥尼斯堡城的桥梁有关的难题. 在穿过哥尼斯堡城的 pregel 河中有两个小岛,在这两个小岛之间,以及小岛与两岸之间,用七座桥把它们联结起来,如下图所示.

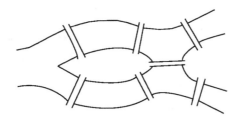

这里所说的难题是指,一个人能否从某处出发,不重复地走过所有这七座桥而返回原处. 读者应当亲自动手去画几次;然后就能体会到,如果把这些桥梁设想成是通往各个小岛或河岸上的同一处时,问题的性质并不会有什么改变(这不过是把人在河岸或小岛上所走的路程省略了). 如此,这一图形便被变形为

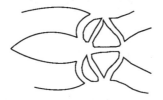

当然,用两座桥梁连接小岛或河岸上的同一个点是可笑的,但也可设想一座是为行人而设,另一座则是专为车辆的通行而设. 如此又可使得上图变形为如下的示意图.

因而上述所说的问题可被表述为这样一个问题,即能否用铅笔既不重复又不离开纸面(步行者当然不能在空中行走)地画出这个图形.所谓不重复即指对图形的任何部分不得重复画出并最后返回出发点.这种难题也许听上去并不陌生.通常人们是把这一问题和下图所示的一类信封问题联系在一起的.

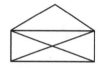

显然这是一些属于拓扑学领域的问题.因为对能否用铅笔一次画出某一图形这样的问题,您完全可以设想整个图形是由可以伸缩(通常叫作可变形)的牛皮筋构成的,而图形的伸缩变形并不会影响问题的实质与答案.当然我们不能把牛皮筋拉断或者撮成一团.

伟大的 Euler 对诸如此类的问题给出了一个简明的回答.如果一个图形能用铅笔不重复地一次画出,使得起点与终点重合,那么铅笔画出的线条必须从这一点出发并返回出发点.而对于图形中的每个其余的点来说,只要它到达该点,就必须重新离开这一点.这样,对于图中任何一条通往某个顶点的线条来说,必然伴随着另一条离开这一顶点的线条,因而图中每一顶点处必有偶数多根线条相交.可以证明所说的这一条件也是充分的,即如果图形中的每个顶点都有偶数根线条相交,则此图形是能够不重复地并且使起点与终点相重合地一次画出.

按照上述的结论,对哥尼斯堡城的七桥问题,我们就将得出否定的解答,因为在图中的每个顶点处都不是偶数根线条相交.例如最左边的顶点处有 5 根线条相交,其余 3 个顶点处都是有 3 根线条相交,而这些都是奇数.

另一方面,当我们用铅笔画出上述的信封时,如果不要求返回起点的话,则第一个信封是可以不重复地一次画成的.因为在最上面的

顶点处有 2 条线相交,而中间的顶点处是 4 条线相交,只有最下面的
两个顶点可能会出问题.因在那里都是 3 条线相交,但若把其中的一
个点作为起点.而把另一个点作为终点,我们就可以按下列的步骤来
画出这个图形.

然而,第二个信封却毫无希望了,因为它有两个以上难以处理的
顶点.只有在最上面的一个与中间的一个顶点处才是偶数条线相交,
而其余的顶点都有 3 条线相交.

正是上面的游戏促使了拓扑学的诞生.但我们决不能认为,现代
的拓扑学依然停留在这种游戏的水平上,它早已成长为一个非常成熟
的数学分支,以致在许多别的学科上都有应用.例如在物理学中,拓扑
学就被应用于线路的描述;在有机化学中,则把它应用于分子模型的
有关问题.一般地说,当我们希望构造出与量的大小无关的某种结构
时,有关拓扑学的考虑就往往是有用的.

值得花费一些时间去考查一下,究竟有哪些几何概念不属于拓扑
学的范围.例如全等和相似等几何概念就不是拓扑学所能考虑的几何
概念.三角形的全等在几何学中是起着重要作用的,这是因为其余的
平面图形均可被分割为三角形.例如多边形可用它的对角线分割
如下.

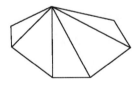

甚至圆也可近似地看成是由三角组成的(下面我们还将进一步对
此进行讨论),只要我们一个接一个地画出它的半径,以致每一段小圆
弧看上去都差不多是一个直的线段.(在学校生活中,"差不多"这一
词汇实在是一个令人不愉快的回忆,因为和这一词汇联系在一起的,
乃是一种不可靠的感觉,在往后的讨论中,我们将给出上述说法的精
确含义.)

如果能把一个三角形精确地叠合在另一个三角形的上面,则两个三角形称为全等.例如,如下的两个三角形就是这样的全等三角形.

读者可以用纸剪出这两个三角形,并把它们转到同样的位置,使其中的一个放在另一个上面.可以看出,它们共有六个元素(三条边和三个角),并且都可以精确地重合在一起.为了使两个三角形全等,实际上只要有部分元素相等就可以了.例如一个三角形的两条边及其夹角分别等于另一个三角形的两条边及其夹角,则可断定这两个三角形是全等的.如下图所示.

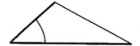
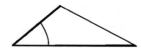

由于我们已知粗线标出的那些元素是相等的,所以可把相等的两个角叠合在一起,这时角边的端点也是重合的.又由于三角形的第三条边由这两个角边的端点联结而成,故两个三角形的第三条边也是重合的,与此同时其余两个角自然也彼此重合.

如果两个三角形的形状类似而大小不同,亦即其中一个是另一个的小样版,则称这两个三角形是相似的.

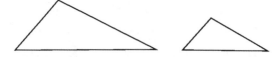

实际上,我们可把两个相似三角形中较小的一个视为较大三角形的相片,并设想照相机能把对象不变形地任意缩小.由此可看出,我们任选一小线段作为较小三角形的某一条边,对其余两条边也必须按同样的比例予以缩小.由于在小三角形中各边之间是按同样的程度互相倾斜的,对应角的大小完全没有变化.因此,相似三角形的对应边是以

同样的比例放大或缩小的（或说对应边之间是成比例的），而对应角都
是相等的.

　　对判定两个三角形是否相似，只要有两组对应角分别相等就可以
了. 因为当我们需要作出一个与已知三角形相似的三角形时，我们可
对已知三角形的任一边，例如其底边予以放大或缩小. 然后再作出两
个底角，这样我们就利用了两组对应角分别相等的已知条件，而只要
将两个底角的另一边加以延长，就将围成一个三角形. 而这个三角形
正是我们所要求作的相似三角形. 所以，相似性确实取决于两组对应
角的相等性.

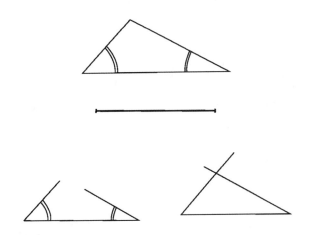

　　在几何学中，我们经常遇见全等或相似的图形. 例如在如下的等
腰梯形中，两个白色的三角形是全等的，而另外两个阴影的三角形却
是相似的.

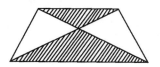

　　在拓扑学中是无法讨论图形的相等性和相似性的，因对图形加以
拉长或压缩时，其大小与形状全都改变了，直线可扭为曲线，甚至可使
之不在原先所在的平面上.

　　然而有趣的是，有关拓扑的考虑却能用以判定究竟能作出多少种
正多面体的问题，尽管多面体的"正规性"在本质上是与全等性或度量
性密切相关的. 如所知，如果平面上一个正多边形，它的边和角都是相

等的,这个多边形叫作正规的多边形,即如下图所示.

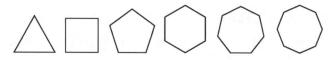

如果一个凸多面体是由正多边形所围成的,而且围成它的正多边形都是全等的,又在其每个顶点处相交的正多边形的个数也都是相等的,那么,这个凸多面体被称为是正规的凸多面体.

拓扑学处理这一问题时,把自己局限于正多面体的这样一些性质:它们与形状和大小完全无关,即正多面体的每个面都是由边数相同的多边形围成的,而且相交于每个顶点的棱的数目也是相同的.故在这种考虑之下,就可唯一地用拓扑学的工具证明,至多只有五种多面体能满足上面所说的这两个条件.而我们又可用可以度量的几何分支证明确有五种能满足这些条件的多面体存在.其中,有三种是由正三角形围成的.此外,为大家所熟悉的正立方体是由正方形围成的.另一种则是由正五边形所围成的.

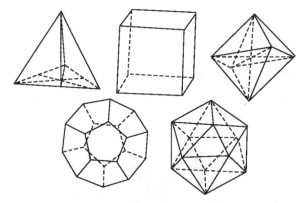

这是一个令人惊奇的发现,因为平面上存在着边数任意多的正多边形,诸如前面所画出的那个正多边形序列是可以无限制地延伸下去的,而空间的正多面体却不然.由此可见,二度空间平面中的结论不能任意地推广到三度空间中去.在空间里,往往有许多情况与平面上是完全不同的.

对此值得再花费一点时间去进行分析,我们确实预料到在空间会遇到各种不同于平面的新情况,因空间与局限于平面的情形相比,在空间具有更大的活动可能性,因而我们也就容易认为空间比平面存在更多的可能性.例如,正多面体的类型理应超过正多边形的类型.但是,在某些情况下,可能性的扩大,往往也就意味着可以提出种种难以满足的条件.因为确定这些条件的方法比所说的可能性要更多.这样就出现了相反的情况.例如,平面上多边形的每个顶点处只能有两条边相交,而立体图形的每个顶点处,却可有任意多条棱相交;而且,更为复杂的是,在每个顶点处还可有任意多个面相交.例如,可以设想这样一个立体图形,在它的一个顶点处有 30 条棱相交,而另一个顶点处却只有 3 条棱相交;此外,它的一个面是三角形,而另一个面却是 30 边形.因而对于一个立体图形来说,要求相交于每个顶点处的棱数相同,并且围成它的每个面的边数又要相等,就是一个非常严格的限制.它使我们无法应用上述的种种可能性来构造这种多面体,因而只能做出十分有限的选择,即只有五种立体图形能满足以上所说的要求.

　　我们能如此自然地把拓扑学与 $1+2+3+\cdots+n$ 的求和联系起来考虑似乎是很奇怪的.但这又一次表明了数学是一个有机的整体,无论我们在哪一部分接触它,该部分与数学的各个其他部分的密切联系,就会立即涌现在我们脑海之中.

六　我们穷尽了所有的可能性

教师们通常是不会费神去考虑总共有多少种方法把班上的孩子两两编组的,他总是通过对孩子们之间的亲密程度的考虑来解决这一问题.但是那些充满好奇心的年轻的研究工作者却不然,他们希望能穷尽其所有的可能性.当我在高小第一学期任教时,有一次正在讨论诸如有关 357 的乘法之类的问题时,我说既可从个位数开始乘,也可从百位数开始乘,这时立即有同学问,能否从十位数开始乘,我回答说是可以的,但在写出各部分的乘积时,必须特别细心.这时同学们立即希望能知道究竟有多少种方法来实行一个给定的乘法.这就使我不能不在一定程度上深入到排列组合的理论中去.这是数学中的这样一个分支,它所讨论的正是共有多少种排列方法的问题.

现有三种颜色的彩带,共能做出多少面互不相同的旗子?几乎每个孩子都会对这一问题产生兴趣.当然,如果仅用一种颜色的彩带,就只能做出一种旗子(见下图).

在其上,我们至多只有两种方法去并上另一种颜色的彩带(如果每种颜色的彩带只准用一次的话),即或者并在第一种颜色的彩带上方;或者并在它下面.

如何再在这种两色旗上并上第三种颜色的彩带呢?我们可以把

它并在上面,也可并在中间,或者还可并在下面.如果从左边那一面两色旗出发,则可做出如下三面新的三色旗.

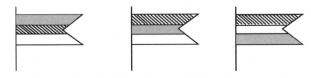

从右边那一面两色旗出发,也有类似的情况.

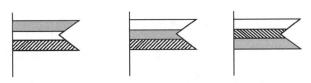

如此,我们用三种颜色的彩带总共做出了 $2 \times 3 = 6$ 种三色旗.我们还可用类似的方式过渡到四色旗.亦即从某一面三色旗出发,可把第四种颜色的彩带并在它上面,或者并在第一种与第二种颜色的彩带之间,或者并在第二种与第三种颜色的彩带之间,或者并在最下面,并且对上列每一面三色旗都可这样做.从每一面三色旗出发,都可得到四面互不相同的四色旗.例如,我们从第一面三色旗出发所得到的四面四色旗如下图所示.

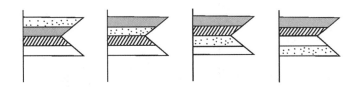

因此,从 $2 \times 3 = 6$ 种三色旗出发,我们总共能做出 $2 \times 3 \times 4 = 6 \times 4 = 24$ 面互不相同的四色旗.显然可以把 1 也算作一个因子放在上面的算式中,因为这对结果毫无影响,如此我们就获得了一个漂亮的计算规则,即

单色旗的种数	1
双色旗的种数	$1 \times 2 = 2$
三色旗的种数	$1 \times 2 \times 3 = 6$
四色旗的种数	$1 \times 2 \times 3 \times 4 = 24$

显然,在如上同一类问题中,即使所讨论的不是彩旗的问题,有关的论述过程仍然是有效的.例如,我们总共有 $1 \times 2 \times 3 \times 4 \times 5 = 120$ 种

不同的次序给五个小孩上菜,又如对于六个"元素",我们共有 $1\times2\times3\times4\times5\times6=720$ 种不同的排序方法.算式

$$1\times2\times3\times4\times5\times6$$

的含义无非是指把 1 至 6 的所有自然数连乘起来.通常我们把它按下述方式缩写,即先写出其最后一个因子,然后紧跟着写上一个惊叹号.如此,上面的算式就被缩写为

$$6!$$

并读为"六的阶乘".例如 $1!=1,2!=1\times2,3!=1\times2\times3$,等等.阶乘的大小依赖于连乘到哪一个数为止,因而这也是一个函数.让我们很快地作出它的体温曲线,即用水平线上的数字来表示所要连乘到哪个数为止的数字,而用向上的线来表示相应的阶乘的值.

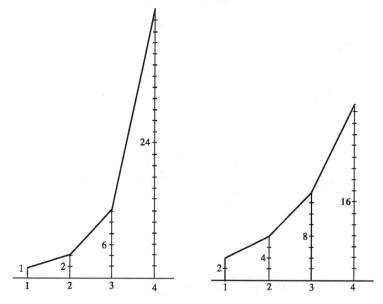

把它与 2 的幂函数图形相比较,即可看出,在开始时阶乘函数的曲线在幂函数曲线的下面(请看曲线位于 1 与 2 之间的部分),但在其后,阶乘函数的曲线就超出了幂函数曲线,并且越来越陡峭地上升着.这不仅对以 2 为底的幂函数曲线来说是如此,实际上对任何幂函数曲线都是这样,即阶乘函数的曲线,最后总要比幂函数曲线更为陡峭地上升.其中的道理是十分明显的.因为无论幂函数的底数有多大,例如其底数为 100,当我们进行乘方时,它自始至终一直是用 100 连乘,而就阶乘来看,固然在 100 之前的 99 个因子都是小于 100 的,但在 100

以后的各个因子却依次为 101,102,103,…,它们就都大于 100 了. 正因为如此, 阶乘函数曲线迟早要占上风的.

借助于如下这个漂亮且有规律的序列, 我们可以从单色旗出发, 依次求出双色旗、三色旗和四色旗等的数目:

$$1\times2,1\times2\times3,1\times2\times3\times4,\cdots$$

在组合理论中的其他问题也同样地导致了类似的漂亮结果. 例如, 我们早已知道如何从确定数目的元素组中选出一切可能的元素对. 我们已经证明从 8 个元素出发, 共有

$$\frac{8\times7}{2}$$

种不同的选出元素对的方法, 而从 15 个元素出发, 则有

$$\frac{15\times14}{2}$$

种不同的方法从中选取元素对等. 我们为什么不由此而出发, 逐步地去解决, 从确定数目的元素组中所可能选出的三元组、四元组、五元组等的总数问题呢?

让我们先来看看, 从一个元素对出发, 共有多少种添加第三个元素的方法, 例如, 从数对

$$1,2$$

出发, 可从元素 1,2,3,4,5,6,7,8 中构造出多少个三数组来. 在此我们并不考虑元素的选择次序, 所关心的只是某个元素是否属于某个数组 (例如, 可把这一问题设想为从 8 个人中选出一个三人委员会, 那么唯一重要的就是谁当选). 因此, 对于数对 (1,2) 而言, 可以加上余下的六个数中的任何一个而构成三数组, 即如下的六个三数组:

$$
\begin{array}{ccc}
1 & 2 & 3 \\
1 & 2 & 4 \\
1 & 2 & 5 \\
\hline
1 & 2 & 6 \\
1 & 2 & 7 \\
1 & 2 & 8 \\
\end{array}
$$

对于其余的每个数对均可按同样的方式扩充为六个不同的三数组. 例如, 数对 (2,5) 可扩充为

```
    2 5 1                              1 2 5
    2 5 3                            ─────────
    2 5 4          按大小为序可重排为      2 3 5
    2 5 6                              2 4 5
    2 5 7                              2 5 6
    2 5 8                              2 5 7
                                       2 5 8
```

这样,初看起来,从 8 个元素出发所可能做出的三数组的数目将是所能做出的二数组的六倍.但所说的这些三数组中包括了许多重复的数组,例如三数组 1 2 5 既可由数对 (1,2) 出发构造它,也可由数对 (2,5) 出发而构造它(我们曾在它们下面加了一条横线),并且还可从数对 (1,5) 出发来构造它.因为,我们只要以 2 作为第三个元素加入其中即可.显然,每个三数组都将三次被构造,这就是从这三数组中任意去掉一个元素而得出的三个不同的数对出发分别构造的.例如,如果我们在三数组 2,3,5 中任意舍去一个数就将得出下列数对中的一个:

$$2\ 3$$

$$2\ 5$$

$$3\ 5$$

而从第一个数对出发添加 5,从第二个数对出发添加 3,从第三个数对出发添加 2,均将得出三数组 2,3,5.因而,如果我们希望每个三数组只出现一次,则就必须以 3 除之.这也就是说,为求得从 8 个元素中所有可能的三数组的数目,首先是把 8 个元素中所能选出的数对的数目乘以 6,再除以 3.我们已经知道,8 个元素中所有可能的数对的总数是 $\frac{8\times7}{2}$;现乘以 6 便是 $\frac{8\times7\times6}{2}$,然后还必须除以 3.而一个数先除以 2 再除以 3,则与此数除以 2×3 是一样的(例如 $\frac{12}{2}=6,\frac{6}{3}=2$,12 除以 $2\times3=6$,同样也得到 2).因此——出于美学的考虑,我们在分母上又加上一个无关紧要的因子 1——从 8 个元素中,我们共可选出

$$\frac{8\times7\times6}{1\times2\times3}$$

个不同的三数组,类似地,从 12 个元素中,我们可选出

$$\frac{12\times11\times10}{1\times2\times3}$$

个三数组.从 100 个元素中可选出

$$\frac{100\times99\times98}{1\times2\times3}$$

个三数组.

一旦当我们知道了三元组的总数,我们即可用类似的方式过渡到四元组去.让我们仍然就 8 个元素的情况来进行讨论,这时从每个三数组出发,运用添加余下元素中的一个的方法,显然可构造出 5 个四数组.例如,由三数组

$$1,2,3$$

出发,可构造出下列的四数组:

$$1\ 2\ 3\ 4$$
$$1\ 2\ 3\ 5$$
$$1\ 2\ 3\ 6$$
$$1\ 2\ 3\ 7$$
$$1\ 2\ 3\ 8$$

因此,我们总共可得到三数组个数的五倍那么多的四数组,但其中的每个四数组都重复计算了四次.例如

$$1,2,3,4$$

可由

$$1\ 2\ 3\ 添加\ 4$$
$$1\ 2\ 4\ 添加\ 3$$
$$1\ 3\ 4\ 添加\ 2$$
$$2\ 3\ 4\ 添加\ 1$$

而得出,因而还要把结果除以 4.由于三数组的总数是

$$\frac{8\times7\times6}{1\times2\times3}$$

我们必须对此先乘 5 再除以 4.从而四数组的数目就是

$$\frac{8\times7\times6\times5}{1\times2\times3\times4}$$

读者必能由此而看出其一般规律了.例如从 10 个元素中所能选出七数组的个数乃是

$$\frac{10\times9\times8\times7\times6\times5\times4}{1\times2\times3\times4\times5\times6\times7}$$

这又是一个漂亮而有规律的结果.如果我们是从 10 个元素中来构造七数组,则相应的算式的分母和分子就均有 7 个因子,只是分母的因

子是由 1 开始而依次增大;分子的因子却是由 10 开始而依次减小的.

例如,从 5 个元素中选取一个元素的方法共有 $\frac{5}{1}=5$ 种,这是很显然的.又从 3 个元素中选取三数组的方法共有

$$\frac{3\times2\times1}{1\times2\times3}=\frac{6}{6}=1$$

种,这也是十分明显的.因为如果一共只有 3 个球,那么从中选取 3 个球的方法,就只有统统取出来这样一种方法.另外,无论口袋里有多少个球,不选球而抽出手来的方法也只有一种.因此,让我们规定无论从多少个元素出发,0 组合的个数总是 1,因而组合的数目便以下表的形式得到表示:

选取	0	1	2	3	4
由 1	1	$\frac{1}{1}=1$	—	—	—
由 2	1	$\frac{2}{1}=2$	$\frac{2\times1}{1\times2}=1$	—	—
由 3	1	$\frac{3}{1}=3$	$\frac{3\times2}{1\times2}=3$	$\frac{3\times2\times1}{1\times2\times3}=1$	—
由 4	1	$\frac{4}{1}=4$	$\frac{4\times3}{1\times2}=6$	$\frac{4\times3\times2}{1\times2\times3}=4$	$\frac{4\times3\times2\times1}{1\times2\times3\times4}=1$

等等.

我们可把以上这些运算结果按照如下的次序予以排列,在顶上多加一个 1,以示在空口袋中不选任何东西而抽出手来的方法也只有一种,即从 0 个元素中选取 0 个元素的组合数也可视为 1.于是有

$$
\begin{array}{ccccccccc}
 & & & & 1 & & & & \\
 & & & 1 & & 1 & & & \\
 & & 1 & & 2 & & 1 & & \\
 & 1 & & 3 & & 3 & & 1 & \\
1 & & 4 & & 6 & & 4 & & 1 \\
\end{array}
$$

...

这一三角形状的图形叫作 Pascal 三角形,它有许多有趣的性质.首先,它具有对称性,即其左半部分乃是其右半部分的翻版.这一性质是十分自然的.因为诸如从 3 个球中选出 1 个球的方法的总数,与在口袋中剩下两个球的方法的总数当然是一样的.类似地,如果我们从 5 个元素出发,来选取数对,那么在构造出每一个数对的同时,所剩下

的 3 个元素也就构成了一个三数组. 因而相对于 5 个元素而言, 所可能选出的数对与三数组的数目总是一样的, 而这也就是 Pascal 三角形中那些互为映像的数.

　　Pascal 三角形的另一个性质导致从其中的某一行出发去构造下一行的一个简明的法则. 我们把 2 写在两个 1 之间并非没有道理, 这是因为 $1+1=2$. 同样地由于 $1+2=3$, 所以 3 又写在 1 和 2 之间等. 这一规律始终是正确的. 由于 $1+4=5, 4+6=10$, 因此上图中的最后一行的下一行就一定是

$$1 \quad 5 \quad 10 \quad 10 \quad 5 \quad 1$$

类似地再下面的一行就应该是

$$1 \quad 6 \quad 15 \quad 20 \quad 15 \quad 6 \quad 1$$

等等.

　　要证明它也极为简单, 只要随便选取其一来检验一下就够了. 例如前一个 15 代表着从 6 个元素出发所能选出的数对的个数. 这本来应该是

$$\frac{6 \times 5}{1 \times 2} = \frac{30}{2}$$

而这果然是 15.

　　由此即可看出 Pascal 三角形中每一行中各项之和, 恰好等于它前一行中各项之和的两倍. 例如, 让我们紧接着上面所写出的那一行再去构造其下一行, 这必然是以如下方式构造出来的:

$$\underline{1} \quad \underline{1+6} \quad \underline{6+15} \quad \underline{15+20} \quad \underline{20+15} \quad \underline{15+6} \quad \underline{6+1} \quad \underline{1}$$

易见其前一行

$$1 \; 6 \; 15 \; 20 \; 15 \; 6 \; 1$$

中的各项正好在此统统出现了两次.

　　如此我们又可发现 Pascal 三角形的另一个性质, 那就是, 把 Pascal 三角形中的每一行的各项相加, 其和正好依次地等于 2 为底数的各次幂. 事实上, 首先有 (顶上的那个 1 不算在内) $1+1=2=2^1$, 然后相继地有 $1+2+1=4=2^2$, 等等. 我们无须再继续往下看了. 因为这一性质只要对于某一行来说是成立的, 那么就将为下一行所 "继承". 我们已经知道每一行的各项之和为前一行的各项之和的两倍, 而当我们用

2 去乘 2 的任何次幂时,所得之积为 $2 \times 2 \times 2 \times \cdots \times 2 \times 2$. 与原来的幂相比,多了一个因子 2,故我们所得到的积正是 2 的下一次幂.

这种完全建立在自然数系的构造上的证明方法称为数学归纳法. 自然数序列是从 1 开始的,并通过加 1 而得以继续,而且,序列中的任何一个数都可用这样的方法而达到. 数学归纳法的思想实际上就是,如果某一性质对于该数列中之开始数是成立的,并当我们从任一自然数向其紧接着的后继数过渡时,这一性质能得到"继承",那么这一性质对所有的自然数而言都是成立的. 这样我们就获得了一种对所有的自然数证明某一性质成立的方法. 虽然仅用我们有限的头脑去对所有自然数直接进行检验是办不到的,但我们只需证明如下的两件事:首先是所说的命题对于 1 来说是真的,其次是证明这是一种能得到继承的性质,而这两点都是我们有限的头脑中所能设想的.

数学归纳法的最重要意义在于:它表明了数学中的无限是能用有限的工具去掌握的.

那些喜欢进行乘法游戏的人对于 Pascal 三角形的开头几行一定是很熟悉的,如果我们相继地去构造 11 的幂,则可发现

$$
\begin{array}{llll}
11^1 & = & 1 \quad 1 \\
11^2 = 11 \times 11 \\
\quad \dfrac{11}{121} & = & 1 \quad 2 \quad 1 \\
11^3 = 121 \times 11 \\
\quad \dfrac{121}{1331} & = & 1 \quad 3 \quad 3 \quad 1 \\
11^4 = 1331 \times 11 \\
\quad \dfrac{1331}{14641} & = & 1 \quad 4 \quad 6 \quad 4 \quad 1
\end{array}
$$

所得结果中的数字与 Pascal 三角形中对应行中的各个数字正好是相同的. 那些对乘法有着深刻理解的人一定能马上说出其中的原因:在我们把部分积相加时,这一运算与构造 Pascal 三角形中这一行的过程正好是一样的.(但在 11^5 的情形下,如上的规律却被破坏了,这是因为其部分积的相加是这样的:

$$
11^5 = 14641 \times 11
$$

$$
\dfrac{14641}{161051}
$$

而在 Pascal 三角形中所对应的一行却是 15101051)

11 事实上是 10+1

$$121=100+20+1=1\times10^2+2\times10+1$$

$$1331=1\ 000+300+30+1=1\times10^3+3\times10^2+3\times10+1$$

等等.因此 Pascal 三角形中数字就正好相当于 10+1 的各次幂的展开式中按 10 的降幂排列的系数,10+1 的第二项是 1,而 1 的任何次幂仍为 1(因为 1×1=1),故在上面的展开式中根本不会有第二项的幂出现,但我们仍然可用如下方式把它写出来:

$$11^3=1331=1\ 000+300+30+1$$

$$=1\times10^3+3\times10^2\times1+3\times10\times1^2+1\times1^3$$

由此即可看出,相对于第一项 10 的幂的下降,第二项 1 的幂却在上升,这一结果的重要性在于我们可在此基础上进一步抽象,借以得出其他二项式的幂的展开式.例如

$$7^3=(5+2)^3=1\times5^3+3\times5^2\times2+3\times5\times2^2+1\times2^3$$

在看到了如上这些结果以后,再要在一般情况下给出证明就不是很困难的了.然而我们在这里仍将满足于数字的检验:

$$1\times5^3=5\times5\times5=25\times5\qquad\qquad=125$$

$$3\times5^2\times2=3\times5\times5\times2=15\times10\qquad=150$$

$$3\times5\times2^2=3\times5\times2\times2=3\times10\times2\ =\ 60$$

$$1\times2^3=2\times2\times2=4\times2\qquad\qquad=\underline{\quad8\ }$$

$$343$$

而事实上

$$7^3=7\times7\times7=49\times7=343$$

这一发现又给我们带来一种方便,通常与一个单个数的乘方相比,把它分解为两个容易计算其幂的项之和,再去进行计算就要容易很多.例如,对于不高兴计算 7 的乘方的人来说,可以去计算 $(5+2)^3$,此时我们就只要去做较为容易的 5 和 2 的乘法了(如有可能的话,应当尽可能地构造出 10 的乘法.因为 10 的乘法几乎是一种小孩的游戏).

通常用以表示"两个项"的词汇是二项式,如此,上面的展开式就称为二项式定理,而 Pascal 三角形各项的数则叫作二项式的系数.

二项式的二次幂是最常用的.Pascal 三角形第二行是

$$1,2,1$$

这就是 $(5+3)^2$ 的展开式中的系数,由于在展开式中 5 的幂是以指数 2 开始降幂排列的,而 3 的幂是以指数开始升幂排列的,因此

$$(5+3)^2 = 1 \times 5^2 + 2 \times 5 \times 3 + 1 \times 3^2$$

若将展开式中的因子 1 去掉,则为

$$(5+3)^2 = 5^2 + 2 \times 5 \times 3 + 3^2$$

为此,我们就获得了为大家所熟悉的规则(对此规则而言,读者可能会有某种不愉快的回忆),那就是两项之和的平方,等于首项的平方加上首项与末项之积的两倍,再加上末项的平方.

当然,还有其他更为简单得多的方法也可导出这一规则. 例如,可以运用几何的方法简便地导出它. 如所知,长方形的面积是两条邻边的长度的乘积. 如果我们先有了一个乘积,则我们也就可以用这样一个长方形的面积来表示它. 这个长方形的两条邻边的长度分别为这一乘积的两个因子. 例如乘积 3×5 的几何表示就是

而乘积 $5^2 = 5 \times 5$ 的几何表示即为

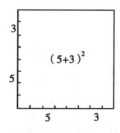

这当然是个正方形.

现在让我们来给出 $(5+3)^2$ 的几何表示,那就是

在这里,$(5+3)^2$ 的展开式中各项的几何表示是看不出来的. 但若以如下方法对这一正方形加以分割时,展开式中各项几何表示就显示出

来了.

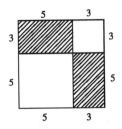

在如上的几何表示中,较大的那个正方形的面积为 5^2,而较小的那个正方形的面积就是 3^2,除去这两个正方形之外,余下的还有两个面积为 5×3 的长方形.因此,就有

$$(5+3)^2 = 5^2 + 2\times5\times3 + 3^2$$

这和印度教科书中的有关图形同样清晰.印度人不喜欢长篇大论,他们这样来表述一个定理:两项之和的平方可以这样来计算,然后是"参见下图",而下面是一个足以解释一切的图形.

$$
\begin{array}{|c|c|}
\hline
a\times b & b^2 \\
\hline
a^2 & a\times b \\
\hline
\end{array}
$$

的确,每一个看到这一图形的人都会理解其中的含义的.

七　给灰色的数列着色

　　有史以来,印度人好像是天生的数学家,他们在这方面具有自己的独特才能.我曾听说过有关一位印度数学家的如下一桩轶事:他的一位欧洲朋友开玩笑地问他,他们当时所乘坐的出租汽车的牌照号码1729是不是一个不吉利的数字,这位数学家很自然地随口回答道:"不,正好相反,1729乃是一个十分有趣的数字,它是第一个可用两种方式表示为立方和的数,即 10^3+9^3 和 12^3+1^3 都等于 1729."

　　对于印度人来说,即使是四位数他们也能像了解自己熟识的朋友所具有的种种特性一样地熟悉它们.在初小的时候,我们也是按照这样的特殊方式来认识那些很小的数的.例如,对于孩子们来说,2 就并非只是许多毫无特色的数中的一员,而是具有自己特殊的个性,正是通过这些特性,小学生们才逐渐认识了它.诸如他们已经认识到 2 是第一个偶数,它正好等于 1+1,又是 4 的一半,等等.但是,无论这种发掘数的特性或者说使每个数着上种种色彩的工作仅仅进行到 10,或者像印度人那样进行到某些很大的数字,但和无穷数列相比却仍然是一个很小的片段.而无穷数列却总是以一种单调的方式无止境地继续延伸着.

　　如所知,自然数列中每个依次第二位的数都是偶数:

$$1, \underline{2}, 3, \underline{4}, 5, \underline{6}, 7, \underline{8}, 9, \underline{10}, 11, \underline{12}, \cdots$$

同样地,每个依次第三的数均可被 3 整除:

$$1, 2, \underline{3}, 4, 5, \underline{6}, 7, 8, \underline{9}, 10, 11, \underline{12}, \cdots$$

而每个依次第四的数则均可被 4 整除:

$$1,2,3,\underline{4},5,6,7,\underline{8},9,10,11,\underline{12},\cdots$$

如此等等,这仅仅是一种或大或小的波浪式的变化,而且,一旦开始以后,则它们又将依据一种单调的规律继续下去,既不会出现什么意料之外的现象,也不会出现任何难以预料而能打破这种单调性的对象.

幸亏质数的分布是完全无法预测的,亦即无法把它纳入一个正规的模式.让我们先来回忆一下可整除性的含义.

10 的所有因子是 1,2,5,10;

12 的所有因子是 1,2,3,4,6,12;

11 的所有因子仅有 1,11.

每个数均可被 1 和它自身所整除.但有这样的数,它除此以外再不能被其他的数所整除,例如 11 就是这样的数.我们称这种数为质数.

按照这种观点,数 1 是很特殊的,因为它有且仅有一个因子 1,而这就是它自身.正因为如此,通常不把 1 看成是质数.按此规定最小的质数就是 2,它也是唯一的偶质数,因为任何偶数均可被 2 整除,从而一个偶数要成为质数,必须当它的因子就是它自身时才有可能,所以只有一个 2 才能既是偶数又是质数.

质数的重要性在于,每个其他的数均可借助于质数而得到构造.所以把其余的数称为合数.对此,我们还可更精确地表述为,每个合数均可表示为质数的乘积.

例如,让我们把 60 写成乘积的形式:

$$60 = 6 \times 10$$

但 6 和 10 又可进一步分解为

$$6 = 2 \times 3 \text{ 和 } 10 = 2 \times 5$$

以此来代替原式中的 6 和 10,就有

$$60 = 2 \times 3 \times 2 \times 5$$

其中每个因子都是质数.

我们还可用别的方式来做如上的分解,因为把 60 表示为两个数的乘积的方法是多种多样的,如果我们先把它分解为

$$60 = 4 \times 15$$

由于 $4 = 2 \times 2, 15 = 3 \times 5$,于是我们有

$$60 = 2 \times 2 \times 3 \times 5$$

或者我们还可选取如下的分解方法,即

$$60 = 2 \times 30$$

由于 $30 = 5 \times 6$ 并且 $6 = 2 \times 3$,如此,$30 = 5 \times 2 \times 3$;

或 $30 = 2 \times 15$ 且 $15 = 3 \times 5$,如此,$30 = 2 \times 3 \times 5$;

或 $30 = 3 \times 10$ 且 $10 = 2 \times 5$,如此,$30 = 3 \times 2 \times 5$.

总的来说,我们看到 30 总可分解为质数 2、3、5 之乘积,如果我们用它们来取代 30,即有

$$60 = 2 \times 2 \times 3 \times 5$$

无论我们采用怎样的分解方式,60 的种种质因子分解式实际上都是一样的,只是各个质因子出现的次序可能有所不同而已. 如果我们对此加以整理,并把相同的因子按幂的形式写出时,就有

$$60 = 2^2 \times 3 \times 5$$

对任何合数去作质因子分解,都是同样地容易的(并可证明这种质因子分解式总是唯一确定的). 如果当我们着手进行分解时,感到一时无从下手的话,则让我们记住,一个数的除 1 以外的最小因子必为质数. 不然的话,原来的数就将有更小的因子. 通过不断地去寻找最小因子的办法,我们就可以比较容易地发现任何数的各个质因子. 例如

$$90 = 2 \times 45$$
$$= 2 \times 3 \times 15$$
$$= 2 \times 3 \times 3 \times 5$$

对于数的这种分割,给我们带来了一种关于数的结构的启示. 例如,我们能直接看出 90 的除 1 以外的各个质因子为质数 2,3,5,其中任两个质数的乘积为

$$2 \times 3 = 6, \quad 2 \times 5 = 10, \quad 3 \times 3 = 9, \quad 3 \times 5 = 15$$

三个质数的乘积为

$$2 \times 3 \times 3 = 18, \quad 2 \times 3 \times 5 = 30, \quad 3 \times 3 \times 5 = 45$$

四个质数的乘积则为

$$2 \times 3 \times 3 \times 5 = 90$$

因此,了解那些借以构造数的质数是有一定意义的. 让我们依大小为序去逐个写出质数来. 我们已经知道最小的质数是 2,从而所有其余的偶数均可舍去,因为它们均可被 2 所整除. 接下去的质数是 3,5,7.

继之容易误认为 9 也是质数,但它并不是质数,因为 9 能被 3 所整除.
也许有人认为质数的分布将逐步地变得越来越稀疏,但这也未必如
此,因为 11 和 13 就都是质数.我希望读者不要怕麻烦,至少亲自动手
把 20 以内的所有质数写出来,并且只有通过若干次错误的尝试,才能
真正体会到质数分布的不规则性.

质数的序列是

$$2,3,5,7,11,13,17,19,23,29,31,37,41,43,47,\cdots$$

古希腊人曾流传给我们一种聪明的办法,可借以机械地构造出上
面那个不规则序列,并且不致导致任何失误.例如假设我们要写出 50
以内的所有质数.首先,除 1 以外的第一个数必为质数(使我们还不知
道这是一个怎样的数,我们也可确信这一点),因为它若有除本身以外
的其他质因子的话,则必定要比它本身小,这个质因子必须位于它之
前,但它前面(除了 1 以外)已没有任何别的数.既然如此,2 就是第一
个质数.由于依次每第二个数都是 2 的倍数,从而除掉 2 自身之外,它
们就都不可能是质数了.因此,让我们先把所有依次每个第二个数
划掉.

$$2,\quad 3,\quad \cancel{4},\quad 5,\quad \cancel{6},\quad 7,\quad \cancel{8},\quad 9,\quad \cancel{10},\quad 11,\quad \cancel{12},$$
$$13,\quad \cancel{14},\quad 15,\quad \cancel{16},\quad 17,\quad \cancel{18},\quad 19,\quad \cancel{20},\quad 21,\quad \cancel{22},\quad 23,$$
$$\cancel{24},\quad 25,\quad \cancel{26},\quad 27,\quad \cancel{28},\quad 29,\quad \cancel{30},\quad 31,\quad \cancel{32},\quad 33,\quad \cancel{34},$$
$$35,\quad \cancel{36},\quad 37,\quad \cancel{38},\quad 39,\quad \cancel{40},\quad 41,\quad \cancel{42},\quad 43,\quad \cancel{44},\quad 45,$$
$$\cancel{46},\quad 47,\quad \cancel{48},\quad 49,\quad \cancel{50}$$

在剩下来的数中间,位于 2 以后的第一个数也必定是质数,因为
它的任何除本身以外的因子必须位于它前面,而在它前面又只有这样
一个数,它的倍数均已被划去了.所剩下来的数中的第一个数是 3,故
3 就是质数.由于依次每第三个数均为 3 的倍数,因此,我们又可把所
有依次第三个数划掉(如果有的数被划去两次的话,那是无关紧要
的).

$$\underline{2},\quad \underline{3},\quad \cancel{4},\quad 5,\quad \cancel{6},\quad 7,\quad \cancel{8},\quad \cancel{9},\quad \cancel{10},\quad 11,\quad \cancel{12},$$
$$13,\quad \cancel{14},\quad \cancel{15},\quad \cancel{16},\quad 17,\quad \cancel{18},\quad 19,\quad \cancel{20},\quad 21,\quad \cancel{22},\quad 23,$$
$$\cancel{24},\quad 25,\quad \cancel{26},\quad \cancel{27},\quad \cancel{28},\quad 29,\quad \cancel{30},\quad 31,\quad \cancel{32},\quad \cancel{33},\quad 34,$$
$$35,\quad \cancel{36},\quad 37,\quad \cancel{38},\quad \cancel{39},\quad \cancel{40},\quad 41,\quad \cancel{42},\quad 43,\quad 44,\quad \cancel{45},$$
$$\cancel{46},\quad 47,\quad \cancel{48},\quad 49,\quad 50$$

让我们用同样的方式继续下去,即我们保留 5,而划去所有 5 的

倍数,亦即从 5 开始,把所有依次第 5 个数划掉. 类似地,我们又要把 7 以后的所有依次每第 7 个数划掉:

$$2, \quad 3, \quad \not{4}, \quad 5, \quad \not{6}, \quad 7, \quad \not{8}, \quad 9, \quad \not{10}, \quad 11, \quad \not{12},$$
$$13, \quad \not{14}, \quad \not{15}, \quad \not{16}, \quad 17, \quad \not{18}, \quad 19, \quad \not{20}, \quad \not{21}, \quad \not{22}, \quad 23,$$
$$\not{24}, \quad 25, \quad \not{26}, \quad \not{27}, \quad \not{28}, \quad 29, \quad \not{30}, \quad 31, \quad \not{32}, \quad \not{33}, \quad \not{34},$$
$$\not{35}, \quad \not{36}, \quad 37, \quad \not{38}, \quad \not{39}, \quad \not{40}, \quad 41, \quad \not{42}, \quad 43, \quad \not{44}, \quad \not{45},$$
$$\not{46}, \quad 47, \quad \not{48}, \quad 49, \quad \not{50}$$

我们无须再往前走了,因为剩下的第一个数是 11,而如果用一个大于 7 的数去乘 11 的话,其乘积已超过 50,而 11 的较小的倍数已被划去了. 现在让我们把至今还得以保留下来的数写出来:

$$2,3,5,7,11,13,17,19,23,29,31,37,41,43,47$$

这些数正是所有位于 50 以内的质数.

可以建造这样一种机器,它能实行所有这样的指令,能产生出位于某数以内的所有的质数. 但这也并没有能改变以下的事实,即无论我们对质数的发掘进行到什么程度,质数的分布仍然是最为难以预测的,没有任何规律性可循.

例如可以证明,无论您指定一个多么大的数字 n,只要把数列适当地延伸下去,总可找到连续相继的 n 个数,其中没有一个是质数. 例如,按照如下的计算结果,即可找到一个相隔 6 个数字的间距,亦即找出连续相继的 6 个数字,其中没有一个是质数.

$$2 \times 3 \times 4 \times 5 \times 6 \times 7 + \underline{2}, \quad 2 \times \underline{3} \times 4 \times 5 \times 6 \times 7 + \underline{3}$$
$$2 \times 3 \times \underline{4} \times 5 \times 6 \times 7 + \underline{4}, \quad 2 \times 3 \times 4 \times \underline{5} \times 6 \times 7 + \underline{5}$$
$$2 \times 3 \times 4 \times 5 \times \underline{6} \times 7 + \underline{6}, \quad 2 \times 3 \times 4 \times 5 \times 6 \times \underline{7} + \underline{7}$$

显然这 6 个数是连续相继的,即每个数都比它前面的一个数大 1,而且这 6 个数中没有一个是质数,因为 $2 \times 3 \times 4 \times 5 \times 6 \times 7$ 可被它的任何一个因子所整除,从而在这 6 个数中的第一个数就必可被 2 所整除,第二个数可被 3 所整除,第三个为 4 所整除,第五个被 6 整除,第六个被 7 整除. 若要把这 6 个数写出来,可以先计算

$$2 \times 3 \times 4 \times 5 \times 6 \times 7 = 5040$$

因之,这 6 个数就是

$$5042, 5043, 5044, 5045, 5046, 5047$$

这些数已经比较大了,当然,在这些数之前,很可能早已出现过不包含

质数的 6 个数字的间距,但若按如上方法去寻找这种间距时,就不能不在数列中走得这样远.如果我们对于走得很远并不在乎的话,则可用同样的方法,去找出不包含质数的 100 个数字的间距.事实上,只要在乘积

$$2\times3\times4\times5\cdots\times100\times101$$

上依次加上 2,3,4…直到 101 即可,还可用同样的方法找出无论多么大的无质数间隔.

另一方面,就迄今所发现的质数而言,我们经常遇见相继的两个奇数,它们同时为质数.例如,在数列的最初片段中,有 11 和 13,29 和 31 等.数学家曾经设想,无论我们在数列中走得多么远,即使远远超出有史以来所有已验证过的部分,都仍将会有所说的这种"双生"质数出现,但这个在一般形式下的结论,迄今还未能得到证明.

当然,我们还可以问,在足够大的数以外是否一定还有质数存在?或者说,质数是否只属于数列的初始片段?对此我们能给出一个明确的回答.事实上,这一问题的答案早在两千多年以前就给出了.因为 Euclid 十分漂亮地证明了质数有无穷多个.

我们可以像了解自然数序列自身的无限性一样地去认识质数序列的无限性.如果有人说,质数已在某处告终的话,则我们可以证明,在这以后仍然还有质数存在,从而就可迫使他放弃所说的结论.

对此,我们只要就某个特例进行证明就足够了.因为对任何其他情况皆可进行类似的处理.我们只需记住,每个依次第二的数均可被 2 所整除,每个依次第三的数均可被 3 所整除,等等.因此,任一紧接着可被 2 所整除的数就不能被 2 所整除,紧接着能为 3 所整除的数不能为 3 所整除,等等.从而,如果有人认为

$$2,3,5,7$$

就是所有的质数,那么我们就可用下列数的构造来反驳这一结论:

$$2\times3\times5\times7+1$$

显然 $2\times3\times5\times7$ 能被 2,3,5,7 所分别整除.因之紧接着 $2\times3\times5\times7$ 的数 $2\times3\times5\times7+1$ 就不可能被 2,3,5,7 中的任一数所整除.但它也是一个数,从而必定可对它进行质因子分解,亦即它将被某些质数所整除.当然它本身也可能就是一个质数,从而就一定存在有比 7 大

的质数,这就证明了原先的结论是错的.用同样的方法.我们可以超越任何一个质数.

我们可以具体地计算出

$$2\times3\times5\times7+1$$

是 211.通过验证,我们发现它不能被 1 和它自身以外的任何数所整除,所以它本身就是一个质数,亦即它就是我们所断言的那种大于 7 的质数.当然,这并不表明它正好就是 7 以后的第一个质数.事实上,我们根本不应该去设想质数能按这样的有规律方式而依次得到构造.

更确切地说,我们的方法所断言的是:若想找到一个大于 7 的质数,我们无须超出 $2\times3\times5\times7+1$.类似地,为要找到一个大于 11 的质数,也就无须超过 $2\times3\times5\times7\times11+1$.但按这样的方法所得出的是很大的间距.因此,人们提出能否在一个较小的范围内找出质数呢?

曾有许多人研究过这一问题,在此,我们仅举一个漂亮的结果,俄罗斯数学家 Tchebycheff 曾证明了大于等于 2 的任何一个数和它的双倍数之间必定有一个质数,例如:

在 2 和 4 之间有 3

在 3 和 6 之间有 5

在 4 和 8 之间有 5 和 7

在 5 和 10 之间又仅有 7

在其中虽然我们看不出有何规律,但不论我们在自然数列上走得多么远,上面的结论却总是成立的.即只要我们走得足够远,我们总可在该数和它的倍数中找到任意多个质数.

如此,我们就在那些看来是难以驾驭的质数中间发现了某种规律性,也即质数的分布是不能任意地稀疏的.

不论如何,在某种意义上还是存在有质数的规则,这里所说的某种意义和我们说一个圆可视为许多小三角形并合而成(对此我们曾答应过要给出其精确意义的)的意义是一样的.

到 2 为止,只有一个质数,即 2 本身;到 3 为止,却有两个质数,即 2 和 3;到 4 为止仍然是这两个质数;到 5 为止,则有 3 个质数了,因为 5 加进来了;到 6 为止仍然是 3 个;到 7 为止,则有 4 个质数,即 2,3,5,7;到 8,9 和 10 为止,都仍然是这 4 个质数,如此等等.因而所说的

质数的个数可列表为

到 2	到 3	到 4	到 5	到 6	到 7	到 8	到 9	到 10
1	2	2	3	3	4	4	4	4

　　每当我们得出一个新的质数时,如上的数列就要跃进一步.但是这种跃进是在一种很不规则的周期中发生的.然而,我们却可按照某一确定的规则去写出一个熟悉的序列.而当我们走得足够远时,这一序列和上面说的质数分布序列中的数就会愈来愈接近,以致当我们走得充分地远的时候,我们"几乎"可以认为这两个序列是一样的了.这种情况与圆的分割是一样的,只要我们分割得越来越细,分割的结果就与人们所熟悉的三角形愈加接近.当然这种越来越细的分割是很难实行的,而如果我们把这种分割无限地继续下去,所得出的扇形就"几乎"可说成是三角形了.①

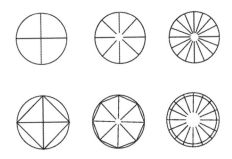

　　对于质数的分布,精确的规律性是难以设想的.然而,如上所说这种"拟"规律性却仍然具有某种确定的意义.在下文中我们将对此做出进一步的讨论.

　　关于质数分布的这种规律性的证明是很难的.杰出的数学家曾一代一代地从事此项工作,在这方面或那方面不断地加以改进,直至最后演变为现在的形式.这一领域的研究至今也仍然在深入,人们正在致力于越来越精确地估计其中的误差,这种误差是指用按某种确定规则构造起来的序列中的项去取代我们的那个不规则序列中的项而造成的误差.在这里,促进这种研究的并不是应用和方便的考虑,而纯粹是对于美的追求和问题本身的困难性.这里的美和组合论游戏中的美

---

① 对于那些熟悉对数的人来说,可以给出如下的序列$2/\ln 2, 3/\ln 3, 4/\ln 4, 5/\ln 5, \cdots$,其中的对数称为自然对数,对此可能有的读者不很熟悉,在下文中我们将会再次遇到它.

是两种不同类型的美,它是一种由于缺乏规律性而导致的美.须知把某种不规则的东西加以限制而使之成为某种规则的东西,乃是一种极为崇高的工作.

对于质数的分布,仍然存有某种规律的事实,意味着虽然质数在数列的可验证的片段中的分布是不规则的,但立足于质数的无穷整体加以考查时,它们仍然服从于某种规律性.这就促使我们回想起一个比喻,这是我在阅读关于自由意志的问题的著作时所读到的:当您对一个正在飞行中的蜂群进行观察时,如果局限于整个蜂群的某个部分,每只飞舞的蜜蜂看上去就是忽此忽彼、漫无方向的,但若着眼于蜂群的整体,就可看到它们是沿着一定的方向朝着某个确定的目标飞行而去的.

八 "我想好了这样一个数"

让我们暂时返回到数学的实用部分. 我们曾给出过立方体体积的计算方法,但我们还经常需要计算其他不规则形体的体积,对此就无法直接用度量的方式来求得其体积,但此时我们却可采用如下方法计算之. 假设这些不规则形体是木制的,我们首先称出它的质量,然后用质地相同的木料做一个 1 英寸见方的立体(体积为 1 立方英寸的立体),并称出其质量,只要算出所要求其体积的那个立体的质量是那个 1 立方英寸立方体的质量的多少倍,那么它的体积就是这么多立方英寸.

此处表明,我们虽然不能直接确定它的体积,但可先确定那些与其体积有着熟知关系的东西的量,此处就是它们的质量,并由此出发推算出所需计算的体积.

在数学中经常会遇到这样的情况,所需求的量对我们来说是未知的. 但我们知道它与某些别的量之间的确定关系,而由这种关系我们即可计算出那个未知量的值.

从应用的观点看,上述过程是十分基本的,而这一过程实质上就是下述为人们所熟知的一类问题的解决过程. 即如"我想好了这样一个数,再在其上加上一些数并用 3 去乘之"等. 在此,我首先列举出所有在这一被想好的数上所施行的运算,然后再告诉您,通过所有这些运算所获得的最后结果是什么,譬如说是 36,而我们的问题就在于要由此而去找出那个被想好的数.

不妨请读者试一试,我想好了一个数,在其上加 5 的结果是 7,试问我所想好的那个数是哪一个数? 大家都会求得这个数就是 2. 现在让我们稍增加一点难度.我想好了一个数,先用 5 去乘它,再用 2 除之,最后加上 3,其结果为 18.试问所想的是什么数?通常这类问题是以口述而不是以笔录的形式给出的,但这时企图解决这些问题的人往往很快就会忘记了所说运算的具体内容.所以,最好还是在给出问题的同时,把它笔录下来.

由于我们还不知道所想的是什么数,因此,不妨把它叫作 x,这时,他就可用如下方式来笔录原来的问题了,x 代表原来所想的那个数,用 5 去乘它就得出 $5x$,再用 2 除之便是 $\frac{5x}{2}$,再加上 3 就变为 $\frac{5x}{2}+3$,既然知道运算的结果是 18,因之就有

$$\frac{5x}{2}+3=18$$

如此,原先所想好的那个数就应满足如上的"方程",而依据这一方程便可算出它的值.

有的人具有很好的关于数的直觉能力,以致能从这类方程中直接看出所要寻求的那个数的值.不具备这种能力的人,则可一步一步地倒推过去,即如当某数加 3 而得 18 时,该数必为 15,从而

$$\frac{5x}{2}=15$$

由这一方程去求 x 就要容易一些了.如果依然不能一眼看出,则可再往回走一步,以使问题变得更为简明一些.即当某数以 2 除之为 15 时,则该数必为 30,故有

$$5x=30$$

现在任何人都会看出,某数的 5 倍是 30,则该数必为 6.

这种对方程逐步进行化简的方法,也可应用于任何其他方程,当我们从方程

$$\frac{5x}{2}+3=18$$

过渡到

$$\frac{5x}{2}=15$$

时,原方程等号左边的 3 这一项消失了,但在等号右边则减去了 3.其

意就是所谓从方程的一边,把一正项移到另一边而变为一个减项,当方程

$$\frac{5x}{2}=15$$

变为

$$5x=30$$

时,方程左边的除数 2 消失了,而同时在方程的右边乘上 2,这可被表述为一个除项从方程的一边,被移到它的另一边而变为一个乘项.普遍地说来,就是可将某一运算作为它的逆运算而转移到方程的另一侧去.

即使面临的方程颇为复杂,也只要稍加分析,即可发现,问题仍然是去寻找某人事前所想好的那个数.例如,假设有按如下方式来表述的一个问题:"父亲今年 48 岁,而儿子是 23 岁,试问多少年之后,父亲的年龄正好是儿子年龄的两倍."当然,有些人无须列出方程即可直接给出这一问题的答案.对于那些思维没有如此敏捷的人来说,则可按如下方式来求解所说的问题.思维敏捷的人已经获得了正确结果,但对我们来说这仍然是个 x.因此,在 x 年后,父亲的年龄就是儿子的两倍.但是,那些已经解决问题的人是如何来检验自己的答案是否正确呢?这就必须分别计算出在 x 年后,父亲和儿子的年龄是多少,然后看一看父亲此时的年龄,是否真的是其儿子年龄的两倍.当然,在 x 年后,父亲的年龄应为 $48+x$,而儿子的年龄应为 $23+x$.因而思维敏捷者所想出来的乃是这样一个数,在其上分别加上 48 和 23,前面的和恰好是后面的和的两倍,即

$$48+x=2(23+x)$$

我们要由这一方程出发计算出 x 的数值,方程右边乘以 2,意味着对方程右边的每一项都乘以 2,即

$$48+x=46+2x$$

左边的 x 可作为一减项移往右边,而右边的 46 又可作为减项移往左边.如此,所有的 x 就集中到方程的同一边了,即

$$48-46=2x-x$$

因为 $48-46=2$,又从 $2x$ 中拿走一个 x,还剩下一个 x,因之有

$$2 = x$$

从而正确的答案即为 2,亦即 2 年以后父亲的年龄正好是儿子年龄的两倍.事实上,在 2 年以后,父亲 50 岁,而儿子却是 25 岁.

让我们考虑更复杂一些的情形,"我想好了这样两个数,它们的和为 10,试问它们是怎样的两个数?"

我们可按如下方式写出这一问题,假设这两个数是 x 和 y(如果某人的姓和名皆不知,就可称他为 xy). 如此,所说的问题也就是

$$x + y = 10$$

要找出满足这一方程的一些数是很容易的,例如 1 和 9 就是,但 2 和 8 或 4 和 6 也都是,并且还存在着另外的解.这表明由所给的条件,我们并不能唯一地确定他所想的是怎样的两个数.这也就是说,问题的提法不确切.因此,如果想要确切地找出他所想好的两个数,我们就完全有理由要求"知道有关这两个数的更多的情况."好,假设我们再指出这两个数的差是 2,即

$$x - y = 2$$

现在我们就能确定这两个数了,显然,其和为 10 而差为 2 的两个数必定是 4 和 6.

因此,为要确定两个未知数,就必须有两个方程,即所谓的方程组.如果由这些方程并不能一眼看出所求的未知数是些什么数,我们就可运用一些技巧使这些方程变得简单明了一些.

例如,当我们还没有看出上述方程组的解是 4 和 6 时,可按如下步骤去求解:首先在第二个方程中,把方程左边的减项作为加项而移到右边,如此在左边就只剩下 y 了,即

$$y = x + 2$$

由此即可看出,第二个数比第一个数大 2.这样,就已把原来的问题简化为这样一个问题了,即"我想好了一个数,在其上加上一个比它大 2 的数之后,所得结果为 10.试问所想的是怎样的一个数?"这可表述为

$$x + (x + 2) = 10$$

其中就只有一个未知数了.由于我们已经知道求解这类方程的办法,所以就可求出这一未知数;而且一旦求得了 x,就无须再为 y 究竟是什么数而烦恼了,因为我们已知 y 比 x 大 2.

再举一例：“我想好了这样两个数,在第一个数上面加上第二个数的两倍的结果是 11；而在第一个数的两倍上面加上第二个数的 4 倍时,所得结果为 22,试问所想的是怎样的两个数?”

这一问题可简述为

$$x+2y=11$$
$$2x+4y=22$$

读者如果有眼力的话,当可一眼看出,这一问题的解也是不确定的.让我们来试一试,1 和 5 是满足第一个方程 的,因为

$$1+2\times5=11$$

而且它们也满足第二个方程,因为

$$2\times1+4\times5=22$$

我们可能认为已经确定了所要寻找的那两个未知数.但让我们再考虑一下,容易看出 3 和 4 也是满足第一个方程的,因为

$$3+2\times4=11$$

而且它们同时又满足第二个方程,因为

$$2\times3+4\times4=22$$

看来任何满足第一个方程的两个数,同时也一定能满足第二个方程.从而第二个条件并不能帮助我们从满足第一个方程的各个数对中,找出确定的某一个数对.其实这也是很自然的,因为无论 x 和 y 是怎样的两个数,$2x$ 总是 x 的两倍,$4y$ 总是 $2y$ 的两倍.因此,其和 $2x+4y$ 就必然是 $x+2y$ 的两倍.从而如果 $x+2y=11$,则 $2x+4y$ 就必然是 22.所以第二个方程根本没有提供有关未知数的任何新的信息,它所提供的信息与第一个方程所提供的信息完全相同,仅仅是方程的表述形式显得更为复杂一些.

若要从方程组

$$x+2y=11$$
$$2x+4y=23$$

中确定 x 和 y 的值,那就更是不可能了.即使我们绞尽脑汁,也无法找出能够同时满足这两个方程的数对.因为我们知道不论 x 和 y 是怎样的两个数,$2x+4y$ 总是 $x+2y$ 的两倍,故当 $x+2y=11$ 时,则 $2x+4y$ 就必定是 22,从而它就不可能同时为 23,这表明第二个条件与第一个

条件是互相矛盾的.

总之,只有当两个方程所表述的既不是完全相同的内容,又不互相矛盾时,我们才能确定地由这两个方程求得同时满足它们的两个未知数.

现在让我们来处理另外一类问题."我想好了这样一个数,先把它平方,再加上它本身的 8 倍,其结果为 9",这可表述为

$$x^2 + 8x = 9$$

此处虽然只有一个未知数,但由于它以二次幂的形式出现,这就增加了问题的复杂性.这是一个"二次方程".

让我们先以一个简单一些的二次方程作为讨论问题的起点.这类方程的最简形式是

$$x^2 = 16$$

任何人都能一眼看出这个未知数是 4,因为 4 的平方是 16.

如下方程也同样地简单:

$$(x+3)^2 = 16$$

由于平方为 16 的(正)数是 4,故有

$$x + 3 = 4$$

从而一眼即可看出 $x = 1$.

在上一方程中曾有 $(x+3)^2$ 出现,让我们回想一下两项和的平方是什么? 应当是在第一项的平方(x^2)上加上两项积的两倍$(2 \times 3x = 6x)$,然后再加上第二项的平方$(3^2 = 9)$. 所以,方程的展开形式就是

$$x^2 + 6x + 9 = 16$$

但若我们所遇到的方程一开始就是以如此的形式来表述的话,我们就不知如何去求解它了.因而我们就必须学会如何从展开式中辨认出它的两项和的平方.例如,假如我们的方程是

$$x^2 + 8x + 16 = 25$$

那么我们必须首先注意到 $8x = 2 \times 4x$,而 16 则正是所说乘积中之 4 的平方,从而有

$$x^2 + 8x + 16 = x^2 + 2 \times 4x + 4^2 = (x+4)^2$$

由此可见我们所讨论的方程就是

$$(x+4)^2 = 25$$

对此即可按如前所述的方法去求解了.

当然,我们也可把 16 作为减项移到方程的右边去,但这样做对于所考虑的方程来说,在本质上并没有造成什么变化.由于 $25-16=9$,因此有

$$x^2+8x=9$$

而这正是我们原先所陈述的方程.即使对于这种形式的方程,我们也应看到其左边是能配成二项和的平方的.由于

$$x^2+8x=x^2+2\times 4x$$

因此要把它配成 $(x+4)^2$,还需补上 $4^2=16$.由于我们在方程的两边加上同一个数时,方程两边还是相等的,故在此处可在方程的两边同时加上 16 而使之变形为

$$x^2+8x+16=9+16$$
$$x^2+8x+16=25$$

对此我们已经知道如何求解了.

实际上,即使平方项不是 x^2,而是诸如下述方程中的 $3x^2$,等等,我们要把它们配成两项和的平方总还是可能的:

$$3x^2+24x=27$$

此时我们可将方程的两侧同除以 3,由于方程的两边是相等的,它们的 1/3 必定依然相等.$3x^2$ 的 1/3 是 x^2,$24x$ 的 1/3 是 $8x$,27 的 1/3 是 9,故有

$$x^2+8x=9$$

而这样形式的方程我们已经知道它的解法了.如果方程中的系数不能为 3 所整除,或者 x 的系数为奇数时,那就要使用分数了,虽然分数和减法并不会带来原则上的困难,但我们在此也不准备再以这些技巧上的烦琐来麻烦读者了.

我们已经看到,在任何情况下,这类方程总能配成完全平方,因而这种形式的方程总是可解的.

如上所述的推理过程对于数学家的思维过程来说是很典型的,他们往往不对问题实行正面的攻击,而是不断地将它变形,直至把它转化为已经能解决的问题.当然,从陈旧的实用观点来看,以下的一个比拟也许是十分可笑的,但这一比拟却是在数学家中间广为流传的.

"现有煤气灶、水龙头,水壶和火柴摆在您面前,当您要烧水时,您应当怎样去做呢?""点燃煤气,往水壶里注满水,然后把它放在煤气灶上?""您对问题的回答是正确的. 现对所说的问题稍作修改,即假设水壶中已经盛满了水,而所说问题中的其他情况都不变,试问此时您应当怎样去做?"此时被问者一定会大声而颇有把握地回答说:"点燃煤气,再把水壶放上去."他确信这样的回答是完全正确的. 但是更完善的回答应该是这样的:"只有物理学家才会按照刚才所说的办法去做,而数学家却会先把水壶中的水全部倒出,然后声称他已把这一问题化归为前面所说的问题了."

当然,对于二次方程的解来说,其核心仍在于上面所说的化归,而不在于由这种化归而导出的公式. 虽然对学生们来说,他们对于这一公式的掌握是如此的牢固,以致在若干年后,他们在睡梦中还能予以背诵.

在此可能会遇见另一种困难,即若当我们已对方程的左边实行了配方,但却难于找到这样的数,其平方正好是方程右边的那个数,例如

$$(x+3)^2=2$$

当然,如果我们确实预先想好了一个数再来构思问题,并以 x 代表这个数,这样的情况是不会出现的. 但在方程的更高级的应用中,就确实会出现这种情况,这时的问题就在于如何去实行乘方的逆运算,即去寻找出这样的一个数,其平方为 2,这就是所谓的开方. 作为乘方的一种逆运算,我们将在下一章中进行讨论(在那里我们还将讨论二次方程有多少个解的问题,而目前我们就只能满足于找出一个解就可以了).

对于那些不依赖于公式,而是真正理解了上述论证过程的人来说,还可以解决某些具有特定形式而次数更高的方程. 例如,给出了

$$(x+1)^3=27$$

由于 $27=3\times3\times3=3^3$,所以 3 就是立方为 27 的那个数,故有 $x+1=3$,从而 $x=2$.

利用读者现已熟悉了的二项式定理,可将 $(x+1)^3$ 展开,并从这一展开式中能看出,它是从两项之和的立方而得出的. 然而,要把每个三次方程配成完全立方却并非总可办到的. 但是仍然存有三次方程的

一般解法.对于四次方程的解法来讲也是这样.当然,除掉四种基本运算和开方以外,这时还要用到三次方根和四次方根,即必须给出这样的数,其三次方或四次方等于某一确定的数,如 2.

研究方程的数学分支称为代数.在中学里,我们习惯于把所有不属于平面几何的数学内容统称为代数.的确在数学的各个分支(甚至在几何学)中,我们始终会遇到方程,以致学生们容易认为数学就是关于方程的研究.而较高等的数学就是对较为复杂的方程的研究.确曾有过这样的时代,杰出的数学家都把自己的注意力集中在代数学的研究上.他们并认为在三次和四次方程的问题获得解决以后,数学的发展就在于寻找巧妙的方法,借以求解五次、六次以及次数更高的方程.由此我们即可想象出,当 Abel 作出自己的发现时,人们是何等的惊奇了.这是指 Abel 发现了那些能用四种基本运算和开方去求解的任何方程所必须满足的种种条件,并且指出了只有一次、二次、三次和四次方程才能满足这些条件.从而,对我们来说,想用我们所说的运算来求解诸如五次方程就完全不可能了.代数学家此时看来只好放下工具,息手不干了.

在此我们遇到了数学史上最富有浪漫色彩的一个时代.一个年仅 20 岁的法国青年 Galois,在他为了一个女孩而决斗致死的前夜,给他的朋友写了一封信,作为一种遗言.他在信中给出了这样一种思想,而这一新思想正好是在代数这一分支几乎濒临崩溃之时,使它获得了新生.

即使根本不存在求解五次方程的一般程序,但对某些特殊的五次方程来说,仍然是可以解决的.例如

$$x^5 = 32$$

类似地

$$(x+1)^5 = 32$$

等等都是可以求解的.因为 $2 \times 2 \times 2 \times 2 \times 2 = 32 = 2^5$,所以第一个方程的解就是

$$x = 2$$

而由

$$x + 1 = 2$$

就可获第二个方程之解为 $x=1$.

另外，还有一些完全不同类型的可解方程，例如，其中之一就如

$$x^5+2x^4+x=0$$

$x=0$ 必为其一个解，因为 0 的任何乘积和任何次幂都是 0. 从而 $0^5+2\times0^4+0$在事实上是等于 0 的.

这就导致了代数研究的复兴的形势. 即使我们无法得到求解的一般程序，所说的问题仍然是一个有趣的问题，就是如何去确定哪些特殊的高次方程是能用我们的运算去求解的.

Galois 的遗言给了我们一个能解决这一问题的方法.

这一方法已被证明是十分富有成果的，正是借助于它，才使得代数学在行将消亡之时，能以比过去更为强大的生命力重新繁荣起来. 无论数学在何处濒临绝境，它总将在此以新的活力开始它的新生. 为了纪念 Galois，人们就以他的名字来为他所创立的这一代数新分支命名，这就是人们称为 Galois 理论的代数分支.

在此还要指出，我希望读者能清楚地认识到，正是在代数中，我们首次遇见了这样一种数学现象：数学借助于自身的力量证明了自己在某个确定领域内的局限性；我们还将在下文中再次遇见这种现象.

形式的创造性作用

九　不同方向上的数

　　问题都与逆运算有关,现在已是分析讨论逆运算问题的时候了.

　　在这些逆运算问题中,似乎减法是最容易处理的,减法的实际含义究竟是什么呢? 我们不妨按如下方式来考虑加法的逆运算.即如已知两项之和为 10,而其中一项是 6,问另一项是多少? 当然,另一个加项为 4,这无非是从 10 中去掉已知项 6 之后所剩下来的数目,其中有些什么困难因素呢?

　　困难在于如下事实,那就是当我们选取 10 和 6 作为例子之前是经过慎重考虑的,因为我们不能任意地选取两数来作为例子.但对加法而言,无论我们在自然数序列中选取哪两个数,我们总可把它们相加,并且其和与加项的顺序无关.然而就在上述例子中,若把两项之和说成是 6,而把一个加项说成是 10,试问另一个加项是什么数? 在此,问题的表述就表明了问题是无法解决的,因为两项之和是不能小于其中任一加项的.我们应当注意,不能从已知数中减去一个比它自身更大的数.

　　这就是全部困难吗? 如果就是这些的话,读者也会感到长期地排斥这样一种简单运算是不恰当的,任何人都不会试图取走比现有的还要多的东西.除此而外,减法运算就没有什么困难了.

　　因此,合理的思路就是集中地去考虑,在实际中是否真有这样的问题,我们必须从一个较小的数中减去一个较大的数.

　　不妨让我们回想一下,前述那个在多少年后父亲的年龄将是儿子年龄的两倍的问题,并就父亲 52 岁、儿子 27 岁的情况来考虑问题.与前面的论述方式完全一样,可设在 x 年后出现所说的情况.此时,由于

各人的年龄都增加了 x 岁,故父亲为 $52+x$ 岁,而儿子为 $27+x$ 岁,于是所说的问题可表述为

$$52+x=2\times(27+x)$$

和前面一样,在方程的右边实行相应的乘法后就有:

$$52+x=54+2x$$

然后,把所有的未知数集中到方程的右边,即把那个 x 从方程的左边作为减项移到右边,类似地,又把 54 移到左边,于是

$$52-54=2x-x$$

从两个 x 中去掉一个 x,还剩下一个 x,因此,有

$$52-54=x$$

到此我们就遇到了困难,未知数 x 的值,竟是一个无法进行的减法运算的结果.

　　此时我们答复如下:当所求未知数只能是一个无法进行的减法运算的结果时,我们就应当回头去找出问题本身在表述形式中所存在的毛病.这就是说,无论在多少年之后,父亲的年龄也不会是儿子年龄的两倍.

　　但是,让我们更仔细地来考虑一下问题中所出现的 52 和 27 这两个数字,任何一个具有一定数学直觉能力的人都会立即看出,在 2 年前父亲的年龄正好是儿子年龄的两倍,因为那时父亲 50 岁,而儿子则为 25 岁.

　　看来这一例子应予重新表述如下,在多少年之前父亲的年龄是儿子年龄的两倍.

　　按照如此的提问方式,那就不致造成什么困难了,因在 x 年之前,各人都要小 x 岁,因此,父亲时年 $52-x$ 岁,儿子是 $27-x$ 岁,而所说的问题便是

$$52-x=2\times(27-x)$$

方程右边的乘积仍可以由 2 分别乘以 27 和 x 求得(如果我们要求得 2×99 的结果,较为简易的方法就是先用 2 去乘 100,然后再减去 2.因为我们可以把 99 视为 100 与 1 之差,因而这个差的两倍也就是 2×100 与 2×1 之差).因此

$$52-x=54-2x$$

现在让我们把未知数 x 集中到方程的左边,即把减项 $2x$ 作为加项移到方程的左边,亦即

$$2x+52-x=54$$

再把加项 52 作为减项移到方程的右边,即有

$$2x-x=54-52$$

现在方程中的每个减法都是可实现的了,并且所获结果也正好符合如上所想到的情况,亦即

$$x=2$$

如此看来,一切都可顺利地得到解决,一旦遇到要从较小数中减去一个较大数时,我们即可如法炮制. 但是,这毕竟是令人厌烦的,因为这意味着我们首先要采用老办法去处理问题,直到碰壁以后,再回头把问题重新表述,并再次重复全部过程,而这样做的时候,问题的答案事实上已在手头了. 还是让我们回到上例中遇到困难的地方重新考查吧! 其实,表达式

$$52-54$$

本身就暗示着解决困难的方案,它似乎在说:"相差 2 年,而且你们应当到反方向上去寻找这个 2 年,亦即应在过去而不是在将来,你们为什么不能在我身上看出这一点呢?"

因此,如何给差 52-54 规定以某种特定的含义是十分重要的. 我们同样应当用它来表示 54 和 52 的差,但这是在与正常方向相反的方向上的差. 从时间上看,这一反方向就是指向过去,这表明应从现有的年龄中减去 2 年,通常是用减法的符号来表示它,并可写成

$$52-54=-2$$

相应地,我们就应当在迄今所讨论过的那些数的前面加上一个"+"号. 因为当问题的答案是指 2 年以后时,我们就必须在现有的年龄上加上 2 年,如果我们希望对此予以强调的话,则可在 2 之前加上一个"+"号.

其实,让数量带有方向的事是很平常的. 例如在十分寒冷的冬天,如果有人说室外的温度是 4℃,这种笼统的说法就没有精确地说明室外的温度,精确的说法应当说明究竟是零上 4℃ 还是零下 4℃;对每一个敏感的人来说,这两者之间的差别是很大的.

　　基于同样的道理,笼统地说三世纪,而没有说明是公元前还是公元后,也是不确切的.同样地,只说经度 15 度而不加说明是格林尼治之东还是西,也是一种含糊的说法.会计对于一笔 10 元的账目,究竟应该记入明细账册上的左栏还是右栏,这是要十分小心的,因为对于大多数人来说,这是一个关系到他们的收入究竟是增加 10 元还是减少 10 元的重要问题.

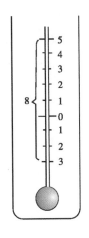

　　在所说的种种情况下,我们都可对这些可能具有两个方向中的某个方向的量使用"＋"号或"－"号.对此我们给以专门的名称,通常把"＋"号叫作正号,而把"－"号叫作负号.负数就可视为从一个较小的数中减去一个较大的数的结果.

　　如果室外的温度原来是零上 5℃,后来下降了 8℃,这意味着气温变低了,所以是一种减法.即应从 5 中减去 8,在此只要过渡到零下就没有什么困难了.亦即现在室外的温度将是零下 3℃,也即 −3℃,这就是

$$5-8=-3$$

这种减法常常使我们越过零而进入与常规方向相反的方向.如果我们希望把这种带有方向的数在直线上表示出来,则可规定沿着直线上某一选定的方向(通常是自左到右)前进的数为正数,而沿着反方向走的数是负数.

　　每一条这样的直线都可看成用以说明具有方向的数的例子.例如我们可以把它设想为一条在零点处竖有路牌的一条公路.

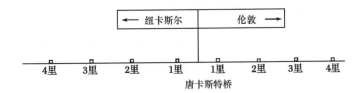

　　然而,在某些情况下,我们却只对数的"绝对值"感兴趣,而对它们的方向性不感兴趣.例如,当我们仅仅想知道两点之间的距离有多长,

又如有一条蛇长 3 码等,这些都是不带任何符号的数.因为肯定不会有人这样地去考虑问题:这条蛇从头到尾长 3 码,而从尾到头又是长 3 码,因此共长 6 码.

人们早已习惯于从互相对立着的两个方面来思考问题.例如,通常所说的真和假、光明与黑暗、正题与反题等.因此,完全有理由去预料这种对立在数学领域中迟早要出现.

对于那些思维能力更精确的人来说,他们所注意的就不只是那些十分明显的对立.例如由光明到黑暗是一个渐变的过程.由一点出发,我们也可沿着不止两个的方向前进.从 Doncaster 桥出发的道路,可以通向四面八方.因此,我们不仅应当给我们用以表示自然数的半直线补上反方向的半直线,而且应当补上由原点出发而指向任何一个可能方向的半直线.

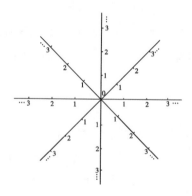

那些被我们叫作"向量"的具有任意方向的量,不仅是一种抽象的思维形式,而且在物理学中起着重要作用.因为运动可沿着任一方向进行,力可在任一方向上发生作用.甚至这些带有方向性的量之间的运算也是有意义的.有时两个力会同时发生作用,而我们所感兴趣的则是它们共同作用的结果.例如,每个船工都知道,当他划船横渡过河时,抵达彼岸的地方,并不是正对此岸出发的地方,而是偏向水流下游的某处.因为船在水流中,除了船工划桨的动力外,必然还要受到水流的推动.如图所示,当船在静水中航行时,它将沿着虚线前进;但若不划桨而在流水中任其漂流时,它将沿着实线的方向顺流而下;而当在流水中划桨横渡时,船就将沿着这两个力同时作用下的方向前进,并将到达彼岸的这样一点,就像分别沿着水流方向与正向走完两段路程

所到之处一样.

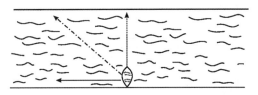

从以上分析可知,如图所示,不论按照哪种顺序,船都将到达彼岸的同一个地点,即在这种加法中,加项与被加项也是可交换的.

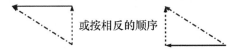

这种加法也可视为一种连续的计数,我们首先对↑方向上的那个向量按单位进行计数,再对←方向上的向量按单位计数,最后看是由哪一个向量把我们直接带到终点.这一向量(由出发点直接到达目的地的向量)叫作它们的和,或上例中所称呼的那样,叫作它们的合向量.

这实在是一种奇怪的加法,例如 $\overset{3}{\Big|}$ 和 $\underset{4}{\longmapsto\!\!\!\to}$ 之和为 $\overset{4}{\underset{5}{\diagup}}^{3}$.

当我们精确地予以度量时,发现它确实是由 5 个单位构成的.但这样,我们就导致了一种在形式上十分荒谬的结果:

$$3+4=5$$

但在这里有一点是不允许有任何含糊的,即我们必须说明所说的 3 具有什么样的方向,而所说的 4 又具有什么样的方向,最终所得的 5 又是什么方向.在这样的意义下,所得之和小于 $3+4=7$ 就不难理解了.因若在方向相反时,两个力作用的结果甚至可能是 0.正如在一个故事中所说的那样,人们用八匹马来拉一辆车,但该车却没有动,后来才注意到,这是由于四匹马往一个方向拉,另外四匹马却正好往相反的方向拉.

让我们暂时离开指向各个方向上的数,而局限于讨论两个相反方向上的数.

我们已经具备了进行正数和负数的加法运算的方法. 例如, 如果要把 8 和 −5 加起来, 我们就可从原点 0 出发, 向右数 8 个单位:

然后接着向左数 5 个单位:

如此所得之结果为 3. 因此 +8 与 −5 之和为 +3. 为了今后讨论的需要, 让我们注意到

$$8+(-5)=3=8-5$$

这表明我们可用一个简单的减法来取代加上一个负数的运算.

在数轴上也可十分容易地去进行减法运算, 其过程正好与前面所说的加法运算的过程相反. 例如, 要从 2 中间减掉 −3. 这就是说, 有这样一个加法, 其和为 2, 而其中一个加项是 −3, 现要找出另一个加项是多少? 对于加法, 我们是这样来进行的, 先从 0 出发, 向左数 3 个单位.

现在要问, 接下去应当怎样走法, 才能获得 +2 这一结果? 显然, 为要达到 +2, 我们必须从 −3 开始向右走到 +2.

因此, 2 与 −3 的差是 +5, 这一结果是十分有趣的. 因为它正好与 2 加上 3 的结果完全一样. 这表明下述结论始终是正确的, 即我们总可用加法运算来替代减法运算, 但所加上的数, 必须具有相反的符号.

由于我们已经知道如何进行加法运算, 乘法也就没有多大困难了. 用 3 去乘 −2 就意味着如下加法:

$$(-2)+(-2)+(-2)$$

并且从 −2 开始向左走 2 个单位, 再走 2 个单位, 就得到 −6. 因此

$$(+3)\times(-2)=-6$$

但当乘数为负数时, 又将怎么办呢? 当然, 我们能把一个数连续地相

加两次、三次、四次等.但把一个数连续地相加－2 次是没有意义的.

已有的一点经验告诉我们,我们不要随便地去声称,既然这种运算没有意义,那就不要去作这种运算,此处即不用负数去乘别的数.须知,负数的引进是为了避免用两种不同的方法去处理同一类性质的问题,以便在各种情况下能按统一的方法和程序去处理问题.那么,对于乘法来说,情况也应当是一样的.如果我们所讨论的是这样一个问题,对此可用正数的乘法而得到解决,那么,若按如下方法处理问题是很不方便的,即对诸种不同的情况进行区分,并声称如果是正数,我们就相乘,如果不是,则用别的方法处理.我们应当仔细地考查在后一情况下采用的那种方法,并称为负数乘法.我们这样做是合法的,因为某种东西如果原来是没有意义的,那么我们就可以赋予它某种意义.

举例要比抽象的议论更容易说明问题.

如果某人以时速 3 英里匀速地前进,试问在 2 小时内他走了多少路程?这显然可采用乘法去求解.因为步行者在 1 小时内走 3 英里,因此在 2 小时内将走完 2×3＝6 英里.这表明可用所费的时间乘速度的办法求得步行者所走过的路程.

现在,让我们采用这样一种表述问题的方式,以使得步行者所走的路程、所用的时间和行走的速度都成为带有方向的量.设路上有一个被称为"这里"的点,并规定由这一点向右的路程称为正的,向左的路程叫作负的.这样,当步行者在 1 小时内向右走 3 英里路时,就说他的时速为＋3 英里;如果是向左走的,则说他的时速为－3 英里.另外,我们又选定一个被叫作"现在"的时刻,并把相对于这一时刻以后的时间叫作正的,以前的时间叫作负的.最后,步行者的出发点则用"现在步行者在这里"标志出来:

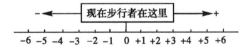

现在我们就主要的情形进行讨论:

(1)某人的行速为每小时＋3 英里,他现在在"这里",试问 2 小时之前他在何处?所求之答案,可看成是如下乘法的结果:

$$(-2)\times(+3)$$

让我们仔细地分析一下现在的情况:由于步行者的速度是正的,

因此他是向右走的,而他现在正在这里(读者应指出图形中的相应点,即标志所在之处).因此,2小时之前,他必定在标志左边的这样一个地方,该处与标志之间的距离正好等于他在2小时内所能走完的路程,即该距离应该是 $2×3=6$ 英里,由于点 -6 在标志左方6英里处,所以

$$(-2)×(+3)=-6$$

这表明用一个负数去乘一个正数,所得出的是一个负数.

(2)今设行速为每小时 -3 英里,而步行者现在在"这里",试问两小时之前他在何处? 这可视为如下乘法的结果:

$$(-2)×(-3)$$

负的速度意味着步行者是向左走的,现已抵达这里(图中标志所在之处),所以在2小时之前,他应当在标志右方的6英里远的地方,而标志右方6英里远之处为点 $+6$,所以

$$(-2)×(-3)=+6$$

这表明两个负数的乘积是正的.

这与双重否定的情况是极为相似的,"我并没有不注意"就等于说我是注意的.

从乘法的符号规则出发,我们立即可以导出类同的除法规则,例如

$$(+6)/(-3)$$

意味着要寻找这样一个数,用 (-3) 去乘该数将得出 $(+6)$,所求之数显然为 (-2).幂的符号规则也不难导出:

$$(-2)^4 =(-2)×(-2)×(-2)×(-2)$$
$$=(+4)×(+4)=+16$$

并且
$$(-2)^5 =(-2)×(-2)×(-2)×(-2)×(-2)$$
$$=(+4)×(+4)×(-2)$$
$$=(+16)×(-2)=-32$$

一般地说,偶数个负因子相乘,则获得正的乘积.因此,我们必须注意因子的个数成双还是成单.类同地,一个负数的偶次幂是正的,而奇次幂则是负的.

我们在此只是通过一个简单的例子对乘法概念进行推广.因此,

人们也许会这样想,会不会从其他例子出发导出不相同的规则?然而,最终能使我们感到欣慰的是如下事实:被推广了的乘法仍然满足由自然数的乘法中总结出来的那些规则,因而我们不用担心应用这些规则会得出矛盾于已有的数学结果.例如,交换律现在仍然是成立的,因为

$$(-2)+(-2)+(-2)=-6$$

亦即

$$(+3)\times(-2)=-6$$

另一方面,我们已从上述有关步行者的例子中得知

$$(-2)\times(+3)=-6$$

因此

$$(+3)\times(-2)=(-2)\times(+3)$$

对于这一类情况,我们始终要十分小心.无论何时,只要我们引进了新的数或新的运算,我们就应分析一下,它们是否满足已经建立起来的法则.须知,我们之所以引进新的数和新的运算,正是为了使得处理问题的方法或程序更加统一.因此,我们并不希望按照新数或新运算的出现与否去把运算分成不同的典型.这种对于已有概念的推广的要求称为"永恒性原则".

自然数序列是在一个自发的创造过程中产生的,在过去它是十分有用的.然而,却正是由于它的不足才导致了对于新数的自觉的创造.在这里,结构的考虑是有用的,新数的结构正是从老数导出的法则所给出的,而且只要有办法,我们就不愿放弃这些法则.这就是这种有意识的创造活动的准则,亦即我们必须按照这样的方式来铸造这些新数,以使它们能符合事先确定了的要求.

十 无限制的稠密性

下文所要讨论的问题无须涉及任何方程.如所知,即使对于儿童而言,也会遇到仅用自然数而无法解决的分配问题.例如,两个小孩分享一个苹果时,他们肯定会知道,谁都不能得到一个完整的苹果.因而他们会很自然地把这个苹果切成两半.然而他们却谁也不会意识到他们的做法已对数的概念作了扩张.

过去,我们一直把单位视为不可分割的,而现在却要把它的一半作为一个新的更小的单位.而且,一旦我们采取了这一大胆的步骤,那就没有任何理由不允许把一个整体分割为 2,3,4,5,…,直到任意等分,并可用如此所获之更小的单位来进行计数.例如,两个一半,三个一半,四个一半,等等,以符号来表示即为

$$\frac{2}{2}, \frac{3}{2}, \frac{4}{2}$$

如上所说的计数法与我们用短线来表示除法的事实是不矛盾的.例如,我们要把 2 平分为 3 部分,可设想有三个小孩要分享两块饼干,最聪明的办法就是把每一块饼干平分为 3 部分.然后每个小孩都取两份,即一块饼干的 $\frac{2}{3}$.如图所示.

位于短线下面的数表示单位的大小,这就是分母.而位于短线上面的数表示一共取几个这样的单位,这就是分子.

在此方式下,就有更多的数进入我们的数轴,我们可用越来越小的单位作出越来越多的数直线,如

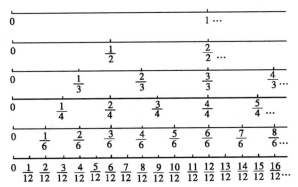

这些在不同直线上出现的数中,有些是相等的,那些上下对齐的数就是彼此相等的.例如

$$\frac{1}{2}=\frac{2}{4}=\frac{3}{6}=\frac{6}{12} \quad 或 \quad \frac{2}{3}=\frac{4}{6}=\frac{8}{12}$$

这表明有些差异只是表面上的差异,实际上并不改变分数的值.例如,$\frac{4}{6}$ 和在形式上看上去较为简单的 $\frac{2}{3}$ 在数值上是相同的.我们可以把 $\frac{4}{6}$ "简化"为 $\frac{2}{3}$.这一简化过程可用 2 来同除分子和分母而实现,因为4/2 = 2,6/2 = 3,所以 $\frac{4}{6}=\frac{2}{3}$,这也是很自然的.因为 $\frac{1}{3}$ 正好是 $\frac{1}{6}$ 的两倍那么大,所以,当取 $\frac{1}{3}$ 的个数为 $\frac{1}{6}$ 的个数的一半那么多时,所得的两个数就是相等的.

我们还可看出,$\frac{3}{3}$ 就是 1,$\frac{4}{3}$ 则是一个 1 和一个 $\frac{1}{3}$ 之和,后者可简记为 $1\frac{1}{3}$,这些不是真分数,因为它们不是 1 的一部分,不妨称之为假分数.

显然,在同一条直线上,我们还可用计数的方法来进行加法和减法.例如由 $\frac{3}{4}$ 出发往右数两个 $\frac{1}{4}$ 就是 $\frac{5}{4}$.因此

$$\frac{3}{4}+\frac{2}{4}=\frac{5}{4}$$

用整数来乘的情况也可按同样的方法进行:

$$2 \times \frac{5}{12} = \frac{5}{12} + \frac{5}{12} = \frac{10}{12}$$

因为由 $\frac{5}{12}$ 出发再右数 $\frac{5}{12}$ 就得到 $\frac{10}{12}$.

当我们用不同单位来计数的数作加法运算时就有些困难了. 例如, 当要计算

$$\frac{2}{3} + \frac{3}{4}$$

时, 我们就要用如下方法去求解这一问题. 首先, 要去找到这样一条数直线, 在其上存在着分别等于 $\frac{2}{3}$ 和 $\frac{3}{4}$ 的点(只要稍作考虑, 即可认识到这样的数直线是存在的). 显然, 以 $\frac{1}{12}$ 为单位的数直线就是符合这一要求的一条数直线, 在其上

$$\frac{8}{12} = \frac{2}{3} \quad \text{且} \quad \frac{9}{12} = \frac{3}{4}$$

如此即可在这一直线上去实行如下加法运算

$$\frac{8}{12} + \frac{9}{12}$$

如果我们要进行除法运算, 也必须同样地跳到另一条数直线上去①. 读者可通过直接度量的办法看出, $\frac{1}{2}$ 的一半是 $\frac{1}{4}$, $\frac{2}{3}$ 的 1/4 等于 $\frac{2}{12}$. 这也是容易理解的, 因为分母增大 4 倍就意味着要把原来的东西分成 4 倍那么多的份数, 而我们所取得的份数和原先的份数一样, 因此我们所得就仅仅是原先的 1/4.

例如, 我们所考虑的是饼干的话, 即如下图所示.

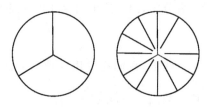

---

① 在此我联想到以下的事实, 在辐射运动中电子由一个可能的轨道跃变到另一个轨道. 也许某些读者会发现和原子论联系起来考虑是有意义的.

　　由此可见,如果对分数去实行我们的基本运算时,所得出的仍然是分数,但它既可能是真分数,也可能是假分数.在这里,我们常常需要在不同的数直线之间进行过渡的事实是无关紧要的.

　　只有在讨论分数的乘法时,我们才会面临真正的困难,那就是把一个东西连加 $\frac{1}{2}$ 次是没有意义的.我的一个学生曾对我说:"如果 1 乘以 3 是 3 的话,那么 $\frac{1}{2}$ 乘以 3 还是 3."这种说法的毛病在哪里呢?日常生活中的一些说法可以帮助我们弄清这一问题:"Peter 的高度是他兄弟高度的 $\frac{2}{3}$ 倍",这意味着 Peter 的高度是他兄弟的高度 $\frac{2}{3}$,因此 $\frac{2}{3}$ 倍并不意味着取其整体,而是意味着取其 $\frac{2}{3}$.在一些实际的例子中,分数的乘法就是这样引进的.例如,如果 1 磅茶叶值 5 先令,则 4 磅茶叶就是 $4 \times 5 = 20$ 先令.这表明我们用每磅的价格乘上所买的磅数而求得其总的价钱.现对这一问题稍加变换,即每磅茶叶的价钱是 5 先令,那么 $\frac{3}{4}$ 磅茶叶的价钱是多少呢?在此我们同样应用乘法运算求得它的答案,亦即

$$\frac{3}{4} \times 5$$

$\frac{3}{4}$ 磅的价钱显然是 $\frac{1}{4}$ 磅价钱的 3 倍,$\frac{1}{4}$ 磅的价钱是 5 先令的 $\frac{1}{4}$(1 先令 3 便士),必须用 3 乘之才得到 $\frac{3}{4}$ 磅的价钱(3 先令 9 便士).这样,$\frac{3}{4} \times 5$ 就确实意味取 5 的 $\frac{3}{4}$ 倍,而这可以通过 5 除以 4,再乘 3 来实现.

　　类似的考虑可得出如下结论:当我们要用 $\frac{3}{4}$ 去除一个数时,则就必须通过先乘 4 再除 3 来实现.所以,由这类运算所得出的结果就仍然是这条或那条数直线上的分数.而且可以证明,虽然我们已对乘法的概念作了扩充,但原先的运算规则都仍然保持不变.当乘积反而小于乘数时,我们不应该感到惊奇,因为诸如用 $\frac{2}{3}$ 去乘一个数,就意味着

取它的 $\frac{2}{3}$,因而所得之乘积显然就要比该数本身小了.

用 $\frac{1}{4}$ 去乘 20 是很容易的,只要取得 20 的 $\frac{1}{4}$ 即可,亦就是 5.用 $\frac{1}{2}$, $\frac{1}{3}$, $\frac{1}{5}$ 等去乘它也是同样地容易,这无非就是取其一半,取其 $\frac{1}{3}$ 或 $\frac{1}{5}$ 等.所以,把分数分割为"部分",分数往往是有意义的.例如

$$\frac{5}{12} = \frac{4}{12} + \frac{1}{12}$$

又从相应的数直线上可以看出 $\frac{4}{12}$ 就是 $\frac{1}{3}$,因此

$$\frac{5}{12} = \frac{1}{3} + \frac{1}{12}$$

由于 $\frac{1}{12}$ 就是 $\frac{1}{3}$ 的 1/4(读者应细心观察如下图形).

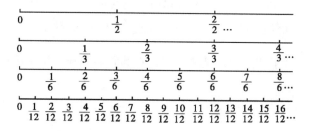

因此,例如

$$84 \times \frac{5}{12} = 84 \times \left(\frac{1}{3} + \frac{1}{12}\right)$$

等式右边的乘法可进行如下:先取 84 的 1/3,即 28;再取 28 的 1/4,即 7.最后即得 28+7=35.这种算法在英国是特别有用的,因为在英国的度量单位中,仍然保持着各种数系的痕迹.例如,1 先令被分为 12 个便士,所以在英国,十二分之几的乘法是经常会遇到的.

我们已经看到所有的基本运算,都能在分数的范围内得到实行.对此还可以从下面的举例中看出.某人正在做算术练习,最容易的题目要用 $\frac{1}{3}$ 个小时(20 分钟),而最难的题目则要用 $\frac{1}{2}$ 个小时,试问每题平均费时多少? 因为在最难和最容易的题目上总共费时

$$\frac{1}{3} + \frac{1}{2}$$

个小时,而如果这两个题目的难度相同,则每题所费时间即为上述和的一半,故他在具有平均难度的题目上所需时间可能就是那么多.现把它计算出来,为之,先在以 1/6 为单位的数直线上找到与 $\frac{1}{3}$ 和 $\frac{1}{2}$ 相等的数,即

$$\frac{2}{6} = \frac{1}{3} \quad \text{和} \quad \frac{3}{6} = \frac{1}{2}$$

所以 $\frac{1}{3}$ 与 $\frac{1}{2}$ 之和就是

$$\frac{2}{6} + \frac{3}{6} = \frac{5}{6}$$

该数的一半就是在以 1/12 为单位的数直线上的数

$$\frac{5}{12}$$

因此,他在每个题目上所平均花费的时间为 $\frac{5}{12}$ 个小时(25 分钟).这当然比他去做容易题目所需时间要多,而比他做难题所费时间要少.

我们可以通过计算两数之和的一半去求得它们的平均值,用这种方法所得到的数,其值总是介于这两个数的中间,所以数学家把它称为这两个数的算术平均值.

本例看上去似乎无足轻重,然而稍作考虑,就会发现其中大有文章可做.

首先,让我们把所有的数直线合并为一条数直线,的确,我们为什么不把所有的分数在同一条直线上表示出来呢?我们在开始的时候,用不同的直线来表示单位不同的数直线,乃是为使问题显得简单明了一点.因为把这些不同的数直线合并到一直线上去之后,所有那些数值相等的分数就聚合在同一个点上了.在此以后,我们将以每个分数首次出现的形式来写出各个分数.

$$0 \quad \tfrac{1}{12}\ \tfrac{1}{6}\ \tfrac{1}{4}\ \tfrac{1}{3}\ \tfrac{5}{12}\ \tfrac{1}{2}\ \tfrac{7}{12}\ \tfrac{2}{3}\ \tfrac{3}{4}\ \tfrac{5}{6}\ \tfrac{11}{12}\ 1\ \tfrac{13}{12}\ \tfrac{7}{6}\ \tfrac{5}{4}\ \tfrac{4}{3}\ \tfrac{17}{12}\ \tfrac{3}{2}\ \tfrac{19}{12}\ \tfrac{5}{3}\ \tfrac{7}{4}\ \tfrac{11}{6}\ \tfrac{23}{12}\ 2$$

如上所画出的数直线上的数可说已经相当稠密了.然而这还只是由很少的几条数直线合并而成的,还有如以 1/5 为单位的,以 1/7 为单位的,以 1/13 为单位的,还有以 1/100 为单位的等无穷多条不同的

数直线上的数都还没有被合并进来. 现在让我们设法在这些数中找出一个空隙来.

首先,我们看到所有的整数都已包括在这些数中了,因为每个整数均可视为分母是 1 的分数. 例如 $\frac{3}{1}$ 实际上就是 3,因为分数的含义告诉我们,$\frac{3}{1}$ 就是用 1 去除 3. 整数和分数统称为有理数. 这一名称意味着,当我们采用一种不那么合乎传统习惯的方法时,就有可能构造出另一类新数.

现问除 0 以外(0 可视为 $\frac{0}{2}$,或 $\frac{0}{3}$,或 $\frac{0}{4}$,等等),最小的分数是什么? 显然,$\frac{1}{12}$ 并不是最小的分数,因为 $\frac{1}{13}$ 比它还要小. 如果我们把一块蛋糕平分的份数,比前次平分的份数还要多 1 份的话,则后一次分出来的 1 份总要比原先分出来的 1 份来得小. 对于分数来说,也可做同样的考虑,诸如:$\frac{1}{101} < \frac{1}{100}$、$\frac{1}{1\,001} < \frac{1}{1\,000}$. 所以对于有理数来说,既没有最大的,也没有最小的.

从而我们就无法按照有理数的大、小去一个接一个地枚举有理数. 从而就让我们从任一个较小的分数开始,例如从 $\frac{1}{12}$ 开始,由小到大地一个接一个地枚举出所有的有理数. 但是,哪一个是紧接着 $\frac{1}{12}$ 的分数呢? 虽然从上面所给出的那条数直线看,$\frac{1}{6}$ 紧接着 $\frac{1}{12}$,但从所有的有理数来看,$\frac{1}{6}$ 不可能是紧接着 $\frac{1}{12}$ 的数,因为 $\frac{1}{12}$ 与 $\frac{1}{6}$ 的算术平均值就位于它们之间. 一般地说,即使我们选取另一个位于 $\frac{1}{12}$ 右边的数来代替 $\frac{1}{6}$,我们仍然可以构造出 $\frac{1}{12}$ 与该数的算术平均值,而这个算术平均值则必定比我们所设想的那个数更加靠近 $\frac{1}{12}$. 所以紧挨着 $\frac{1}{12}$ 的数是根本不存在的. 这表明要从 $\frac{1}{12}$ 开始去按由小到大的方式一个接一个地枚举出所有的有理数也是不可能的. 一般地说,一旦我们选定了两个有理数,不论它们在数直线上是如何地靠近,它们总不可能是由小到大的顺序中的相邻的两个有理数,因为总还有其他有理数位于它们之间.这正是我们所说的有理数集合是"处处稠密"的精确含义.

在此,我们又遇见了无穷的一种新的表现形式,亦即紧接着自然数和质数的无限增长,我们又遇到了无限制的稠密性.数学家所说的自然数列或质数序列趋向无限的真实含义是指不存在这样的数,它能不被无限增大着的自然数列或质数序列中的数所超过.在这里,乃在于不存在这样的距离,例如在 $\frac{1}{12}$ 附近的这一距离内不再存在其他有理数.对于所说的这种情况,可用如下说法来表述,那就是说 $\frac{1}{12}$ 是有理数集合中的一个凝聚点,当然,不只是 $\frac{1}{12}$,任何一个别的有理数,也都是所说意义下的凝聚点.

但是,如果不按有理数的大小为序,我们就完全有可能把所有的有理数排成一个序列.

首先,如同我们在前面曾把分母相同的分数表示在同一条数直线上那样,显见它们是可以排成一个无穷序列的,现为统一起见,我们把每个整数也都写成分数的形式,于是有

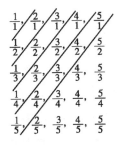

等等.现在我们要对这些数予以重新排列,以使之成为一个单一的序列.为之,我们可以按所作的斜线上的数的顺序写出各个有理数.这样,每个有理数都将获得自身的序号,这就是

$$\frac{1}{1},\frac{2}{1},\frac{1}{2},\frac{3}{1},\frac{2}{2},\frac{1}{3},\frac{4}{1},\frac{3}{2},\frac{2}{3},\frac{1}{4},\frac{5}{1},\frac{4}{2},\frac{3}{3},\frac{2}{4},\frac{1}{5},\cdots$$

在此,我们将可得到越来越长的数组,但每个数组都是由有限多个数所组成的.如此,我们就确实给出了一个单一的序列,而且一旦理解了

这一序列的构造规则,就可不再依赖于上图中的斜线而将这一序列无限制地延伸之.其实,只要能看出第一组中那个唯一的分数的分子与分母之和为 2,第二组中的每个分数的分子与分母之和为 3,第三组中各分数之分子与分母之和为 4,上面所写下的最后一组中的各个分数的相应和为 6,由于

$$7=6+1=5+2=4+3=3+4=2+5=1+6$$

所以接下去的那一组的各个分数就是

$$\frac{6}{1}, \quad \frac{5}{2}, \quad \frac{4}{3}, \quad \frac{3}{4}, \quad \frac{2}{5}, \quad \frac{1}{6}$$

现在,任何人都能机械地去继续这一过程了.一般说来,某一无穷序列被认为是已经完全给定了的,如果已经给出了它的构造规则,而根据这一规则就能写出处于任何被指定的位置上的那个数.

在我们的数列中,当然有许多数的数值是相等的.这种情况,我们已在数直线中看到过了,即在不同的数直线中,凡上下对齐的数都是彼此相等的.如果我们希望每个有理数在序列中只出现一次,那么,我们应在构造规则中做些补充规定,即规定将所有可化简的分数删去.例如,在写出序列的初始片段时,就应将诸如 $\frac{2}{2}, \frac{4}{2}, \frac{3}{3}, \frac{2}{4}$ 等划掉.因其中 $\frac{2}{2}$ 和 $\frac{3}{3}$ 都与 $\frac{1}{1}$ 是相等的.又 $\frac{4}{2}$ 与 $\frac{2}{1}$ 是相同的,因此,有理数序列的初始片段将是

$$\frac{1}{1}, \frac{2}{1}, \frac{1}{2}, \frac{3}{1}, \frac{1}{3}, \frac{4}{1}, \frac{3}{2}, \frac{2}{3}, \frac{1}{4}, \frac{5}{1}, \frac{1}{5}, \cdots$$

对此,当可一直机械地予以继续下去,且可准确地说出这一序列的第一个,第二个,第三个,…究竟是些什么数.我们把这种可构造成序列的数集说成是"可枚举"或"可数的".应当指出,这一词汇有时候是会造成误解的.

上述简单事实,还显示出另一个令人惊奇的情况,那就是尽管有理数(所有的分数)在数轴上是处处稠密的,然而在某种意义上说,全体有理数和全体整数是一样多的.这就涉及如何对种种无穷集合相互比较的问题了.有一种十分简单的办法可给我们以启发,那就是在一个舞会上,如果我想要知道在场的男孩和女孩是否一样多,我们无须对他们一一计数,而只要让每个男孩去选定他们的舞伴就可以了.这

时如果既没有剩下没有舞伴的男孩,也没有剩下没有舞伴的女孩,那么,男孩和女孩的总数就必定是相等的. 如此的比较方法也可应用于无穷集合的比较,即在一一配对以后,如果两个集合中的任何一个集合都没有无配对的元素剩下,则我们就说这两个无穷集合的元素的个数是相等的.

我们刚才所构造的那个有理数序列和自然数序列的元素之间是可以一一配对的. 我们可以让 1 与 $\frac{1}{1}$ 配对,2 与 $\frac{2}{1}$ 配对,3 与 $\frac{1}{2}$ 配对,诸如 10 就与有理数序列中第 10 个数配对,即 10 与 $\frac{1}{5}$ 配对. 又如我们希望知道与 100 配对的是什么数? 那么只要按照所说的构造规则去构造出有理数序列中的第 100 个数,这就是我们所希望知道的数. 显然,任何人都能实行这种配对,直至任何一个被指定的位置,而且无论在自然数序列或有理数序列中,都不存在这样的数,对于它来说,竟然找不到与之配对的数. 于是在这种意义下,自然数集合与有理数集合的元素的个数就是一样多的. 尽管我们可以把各个自然数想象为分散在一个处处稠密的有理数蛋糕中的葡萄干,因而全体自然数就只是全体有理数的一个微不足道的部分,但它们在数量上却是相等的.

由此我们也看出一个极为重要的事实,那就是我们必须十分小心地去对待无限性对象. 有些人认为全体大于部分是一个普遍有效的逻辑法则,而如上所说的事实却正好是一个反例. 自然数集合虽然只是有理数集合的一个微不足道的部分,但两者的元素个数却是相等的. 须知,上述那个逻辑法则是从大量的人类经验中抽象出来的,但所有这些经验,都是从有限性事物中取得的. 因而当我们把由有限性事物的经验所推出的原则去硬套在无限性对象上的时候,就会造成很大的混淆,无限性对象会立即摆脱这种不合身的衣服,并获取自由.

尽管出现了上述一切情况,人们却仍然倾向于反对部分等于整体的可能性,这也许是由于一种下意识力量的作用. 除掉经验之外,这种下意识的力量也是逻辑法则的一个支柱:如果部分与整体能够抗衡的话,那么道德的基础似乎也要动摇了. 也许正因为如此,冒险地离开不可抗拒的法则世界,而进入无限的自由王国还是颇有吸引力的.

十一　我们又一次抓住了无穷

让我们暂时避开无穷而返回到有限的经验世界,并考虑以下问题(这也是与我们借以认识这一世界的那双手上有着 10 个手指的事实相关的),即我们能否将分数纳入到十进位数系中去.

让我们回顾一下十进位数系的情况.个位数左边是十倍于它们的数的位置,即整十数的位置,其左边又是十倍于它们的数,即整百数的位置,等等.由此自然会产生这样的想法,我们也可将这种排列方式向右延伸,我们可把十分位数写在个位数右边的第一个位置,在第二个位置上则写上十分位数的十分位数,即百分位数,第三个位置写上千分位数,等等.当然我们必须使这些新的单位区别于个位.否则,当我们意欲用

$$1 \quad 2$$

中之 1 表示 1,而 2 表示 2/10 时,人们却可能把它视为十二,这就是我们必须引进小数点的原因,即把它写成

$$1.2$$

必须记住,如上的表示式仅仅是

$$1 + \frac{2}{10}$$

的缩写.同样地有

$$32.456 = 32 + \frac{4}{10} + \frac{5}{100} + \frac{6}{1\,000}$$

等等.按此方式即可获致十进位分数或小数.

那些分母为 10,100,1 000 或十进位数系中的任何单位的分数均可写成小数的形式.例如

$$\frac{23}{100}=\frac{20}{100}+\frac{3}{100}$$

这里我们可用 10 去同除 $\frac{20}{100}$ 的分子和分母,因此

$$\frac{23}{100}=\frac{2}{10}+\frac{3}{100}$$

由于其中没有任何整数,故最后得到

$$\frac{23}{100}=0.23$$

然而,是否每个分数都可写成小数形式呢?

最简单的变形方法是实行分数所表示的除法运算.

$$\frac{6}{5}=6/5=1\ 余\ 1$$

余数 1 亦能变形为十分位数,即 10 个 1/10. 当以 5 除之时,即得 2 个 1/10. 在答数中,我们还必须加上小数点,即

$$6/5=1.2$$

因此
$$\frac{6}{5}=1.2$$

类似地

$$\frac{7}{25}=7/25=0.2\ 余\ 2$$

对其余下的 20 个 1/10,我们可把它变形为 200 个 1/100,再用 25 除之,即得 8 个 1/100,因此有

$$7/25=0.28$$

和

$$\frac{7}{25}=0.28$$

但是,即使在最简单的情形下,我们也会经常遇到困难的. 例如

$$\frac{4}{9}=4/9=0.44\cdots$$
$$4\ 0$$
$$4\ 0$$
$$4$$

这一除法不论我们进行多久,恒有余数,永远没有终止,所以 $\frac{4}{9}$ 就无法写成小数.

然而运用小数去进行计算又是何等地方便! 对此只要举其一例

即足以说明.用 10 去乘一个小数,完全可以看成儿童的游戏.例如,我们要计算如下算式:

$$45.365 \times 10$$

只要还记得 10 乘上 4 个十就是 4 个百,10 乘上 5 个一就是 5 个十,10 乘上 3 个 1/10 是 3 个一,等等.我们即可看出,只要将小数点向右移动一个位置,便可完成整个乘法,即

$$453.65$$

因为这样一来,每个数字都已向左移动了一位.例如,十就变成了百.如果我们再用 10 去乘上述结果,则得

$$4\,536.5$$

这就是原来那个数的一百倍了(例如,5 已成为 5 个百).如此,我们即可看出,若要对某数乘以 100 的话,只要将小数点向右移动两位.按同样的方式,可用小数点左移一位的方法来进行 10 的除法,这确实是十分便利的.因而若能将所有的分数都写成小数的话,则将带来很大的方便.

让我们再次观察前面所遇到的困难.

$$\frac{4}{9} = 4/9 = 0.44\cdots$$
$$4\,0$$
$$4\,0$$
$$4$$

此处余数始终为 4,当我们从一个单位过渡到它的 1/10 的单位时,4 就变成了 40,而在 40 中则又总可取出 4 个 9 而余 4.这样,尽管这一除法永远不会终止,我们仍然能获得答案,即答案中的 4 将永无限制地重复出现.

实际工作者会说,即使除法运算能在第 10 位上终止,我们也不需要整个答案,因为我们所感兴趣的至多是 1/10 升,或 1/10 厘米或 1/10 克,所以千分位以后的数几乎是无足轻重的.我们只要从无穷小数中取出

$$0.4$$

或
$$0.44$$

或
$$0.444$$

就可以了.从而我们可把 $\frac{4}{9}$ 当作一个有穷小数来进行种种运算.

物理学家在他们更精确的度量中,可能需要更多位的数字.然而,即使在这种情况下,也仍然会有一定的误差范围.例如,在对一个实验进行重复之前,物理学家会对由于自身的感觉和仪器的不精确性所造成的误差进行估计,而那些超出可能达到的精确范围的小数在计算中就无须考虑了.当然,也可以设想工具会不断地完善起来,以致误差范围越来越小,然而误差总是会有的.因此,我们总可在序列

$$0.444\ 444\ 44\ \cdots$$

中的某个地方停顿下来,虽然可能是在很远的地方.至于事前往往并不知道究竟要走多远一事也是无关紧要的.因为我们已经确切地知道我们总能到达人们所需要的任何一个位置,这是由于我们对 $\frac{4}{9}$ 的展开式的认识或了解早已超出任何可能的限制,亦即不论我们在展开式中走得多么远,数字 4 永远在重复地出现.

那么,我们能否在这种意义下把任一分数转化为小数表示式呢?或者说,虽然除法是永不终止的,但能否给出这样的规则,并按此规则去依次写出答案中的数字,从而也就能获得对于整个展开式的一般认识?

易见对于上述问题的答案是肯定的,因为任何这样的展开式迟早总要出现数字的重复.例如让我们考查一下 $\frac{21}{22}$ 这个分数.

如果除数是 22,则余数必定小于 22,那么当除法运算永不终止时,其余数必为下列各个数字中之一:

$$1,2,3,4,5,6,7,8,9,10,11,12$$
$$13,14,15,16,17,18,19,20,21$$

让我们设想一只共有 21 只抽屉的柜子,在每一只抽屉上分别写上上述这些数字,并在进行除法运算时所得余数为 7 时,我们就在编号为 7 的那只抽屉中放进一个球,只要我们有足够的耐心将这一除法运算进行到第 22 步,则就必然要在 21 只抽屉中放进 22 个球,从而至少要在某一抽屉中放进两个球.这就是说,在 21 步以后,必定会有重复的余数出现.如果幸运的话,在 21 步以前,就可能出现重复的余数,只要在余数中一旦出现某一数字的重复,则由此以后就将周期性地重复了.对此,让我们来观察一下前述的那个例子:

$$\frac{21}{22} = 21/22 = 0.954$$

```
        2 10
          1 20
            1 00
              1 2
```

停止！因为 12 已经作为余数出现过了,由此就开始周期性地重复了:

$$21/22 = 0.954\ 54\ 54\cdots$$

```
        2 10
        1 20
          1 00
          1 20
            1 00
            1 20
              1 00
```

从而除掉一个"不规则"的 9 以外,54 就将无限制地重复下去.

反之,如果预先给定了某一循环小数,能否找到以它为小数展开式的相应的分数呢？让我们就以 0.954 545 4… 为例,亦即假定我们并不知以它为小数展开式的那个分数,既然不知道这个分数,我们就记为 x,于是

$$x = 0.954\ 545\ 4\cdots$$

如果把它乘以 1 000,亦即把小数点向右移动三位,则整数部分就将终止于小数展开式中第一循环节之末尾,即

$$1\ 000x = 954.545\ 4\cdots$$

另一方面,如果用 10 去乘 x,则整数部分终止于第一循环节前的不规则部分,即

$$10x = 9.545\ 454\cdots$$

如果我们从前者中减去后者,则就是从 x 的 1 000 倍中减去 x 的 10 倍,从而剩下 x 的 990 倍.另一方面,在相应的小数展开式中,位于小数点右面的部分在两数相减时就完全抵消了,因为两者都是 54 的无限重复,所以是完全等同的.此外,954 与 9 之差为 945,因而有

$$990x = 945$$

现将 990 作为除数转移到右边,则有

$$x = \frac{945}{990}$$

这一分数还可依 45 来约分,即

$$945/45＝21 \quad 和 \quad 990/45＝22$$

如此

$$x=\frac{21}{22}$$

这正与我们原先所知的情况完全一样.

但在整个过程中,尚有一处我们是不够谨慎的,即对无穷不够小心,因为我们并没有在某种精确度的意义下去设想0.954 545 4…,而只是把它写成无穷的形式,同时却又把它当作一个普通的有限数那样去进行乘法运算.我们怎么知道当我们把 0.954 545 4…设想为具有有限数的某种性质时没有犯错误呢?

让我们通过一个更为简单的例子来仔细考虑这一问题,上述问题事实上就等同于问

$$1.111\ 111\ 1…$$

是否具有有限数的性质,其中 1 是无限重复的.令人奇怪的是大家对这类无穷小数并没有产生任何怀疑,而只是对下列无穷和

$$1+\frac{1}{10}+\frac{1}{100}+\frac{1}{1\ 000}+…$$

直至无穷感到不可理解,虽然后者只是前者的另一表示形式.在我看来,人们对后者的疑惑是不奇怪的,奇怪的倒是他们对前者的接受.序列

$$1,\frac{1}{10},\frac{1}{100},\frac{1}{1\ 000},…$$

即使在无穷的范围内,也可视为已经给定了的,因为任何人只要愿意,均可把它继续地写下去.但是,那种把它的所有项加起来的过程也视为一种很普通的过程的想法,却是一种十分大胆的想象.对此应当如何理解呢?

有一个著名的数学家,还在他的儿童时期就曾如此地去对无穷序列求和之意义做过描述.

有一种巧克力糖,它的制造商为了打开销路,在包装每一块巧克力的同时放进一张赠券,任何人只要凑满 10 张这种赠券,即可无偿地换回一块这种巧克力糖.如果我们现在有了这样一块巧克力糖,试问它的真正价值是多少?

当然,它的价值将不止一块巧克力糖的价值,因为其中还附有一张赠券,用它可以换回 $\frac{1}{10}$ 块巧克力糖(因为 10 张赠券可以换回一块巧克力糖).但在这 $\frac{1}{10}$ 块的巧克力糖中还附有 $\frac{1}{10}$ 张赠券,而若一张赠券相当于 $\frac{1}{10}$ 块巧克力糖的话,则 $\frac{1}{10}$ 张赠券就相当于 $\frac{1}{100}$ 块巧克力糖,但这 $\frac{1}{100}$ 块巧克力糖又附有 $\frac{1}{100}$ 张赠券,用它又可换回 $\frac{1}{1\,000}$ 块巧克力糖,如此等等,直至无穷.显然这一过程是永无终止的.因此,附有赠券的巧克力糖的价值应该是

$$1+\frac{1}{10}+\frac{1}{100}+\frac{1}{1\,000}+\cdots$$

块巧克力糖.

另一方面,又可证明它的价值恰好是 $1\frac{1}{9}$ 块巧克力糖.

其中的 1,当然是指一块真正的巧克力糖,因此所需证明的只是一张赠券的价值相当于 $\frac{1}{9}$ 块巧克力糖,为此只要证明 9 张赠券的价值相当于一块巧克力糖,因为这正表明一张赠券的价值相当于 $\frac{1}{9}$ 块巧克力糖.现设我们已经有了 9 张赠券,这时我就可以到商店去说:"请给我一块巧克力糖,我马上就在这里吃掉它,然后再付钱."我吃掉这块巧克力糖并取出它所附有的那张赠券,此时我就有了 10 张赠券,而用这些赠券正好可以去付账了.因此 9 张赠券的实际价值,事实上相当于一块巧克力糖,而一张赠券的价值就是 $\frac{1}{9}$ 块巧克力糖.所以附有赠券的巧克力糖的价值是 $1\frac{1}{9}$ 块巧克力糖,因此,无穷级数

$$1+\frac{1}{10}+\frac{1}{100}+\frac{1}{1\,000}+\cdots$$

之和恰好就是 $1\frac{1}{9}$,这是十分明确的一个数值.

上述结果可以大致总结如下,如果某数的一个近似值是 1,而较好一点的近似值是 $1+\frac{1}{10}$,更好一点的近似值是 $1+\frac{1}{10}+\frac{1}{100}$,但这仍

然不是精确值,而我们可以如此继续下去直至无穷,那么这个数就恰好等于 $1\frac{1}{9}$.[①]

现在我们可以实现上一章中所说的诺言了.即正是以这样的方式,我们能够精确地断言,可用多边形来逐步逼近圆的面积,也正是以这样的方式,我们能够精确地给出关于质数分布的定理.在此,只好请读者满足于这样的解释.因为我们不可能在这里详细地给出它们所包含的冗长的证明.

在代数中,我们曾以这样的方式来确定一个数:假设 x 是这样一个数,用 2 来除它再乘以 3 并加 5 就得到 11,即设 x 所代表的是满足如下方程的一个数

$$\frac{x}{2}\times 3+5=11$$

现在我们又掌握了另一种确定数的方法.数学领域中研究如何用连续逼近的方法来精确地确定数的分支称为分析学.

再让我们从 $1\frac{1}{9}$ 出发,由于 1 可分解为 9 个九分之一.

因此

$$1\frac{1}{9}=\frac{9}{9}+\frac{1}{9}=\frac{10}{9}=10/9=1.111\,111\cdots$$

直至无穷,而这一关于 $1\frac{1}{9}$ 与无穷的小数展开式的等价式,刚才已经获得了完全确定的意义.

数学中将上述事实表述为"部分和"序列

$$1,1.1=1+\frac{1}{10},1.11=1+\frac{1}{10}+\frac{1}{100},\cdots$$

趋向于"极限" $1\frac{1}{9}$,或者说级数

$$1+\frac{1}{10}+\frac{1}{100}+\cdots$$

收敛于其和 $1\frac{1}{9}$.

在此我们已经引进了一种新的加法,我们应当观察一下,这种加

① 我们将在下一章对近似值作一般讨论.

法运算是否还满足原来的运算规则. 我不想实际地去进行这一检验工作, 而是直接对此给出答案, 那就是原来这些老的运算规则不可能完全被满足. 实际上无穷在这里已经避开了我们原来的规则, 以致对那些可以任意地交换项的次序或进行组合的无穷级数都要进行专门的研究. 我们刚才所讨论的级数

$$1 + \frac{1}{10} + \frac{1}{100} + \cdots$$

正是一个可任意交换项的次序或进行组合的级数. 然而让我们来观察级数

$$1 - 1 + 1 - 1 + 1 - 1 + \cdots$$

如果我们改变运算次序并把这些项成对地组合起来, 即如

$$\underbrace{1 - 1}_{0} + \underbrace{1 - 1}_{0} + \underbrace{1 - 1}_{0} + \cdots$$

那么我们所得到的就是一个仅以 0 构成的级数, 由于不论多少个 0 相加的结果仍然是 0, 因而如上相加的结果必然是 0. 但是, 如果我们按照如下方式重新组合时

$$1 - \underbrace{1 + 1}_{0} - \underbrace{1 + 1}_{0} - \cdots$$

我们所构造出来的就是如下级数

$$1 + 0 + 0 + 0 + \cdots$$

而其和显然是 1. 从而我们就不能指望可以在任意改变项次序或进行组合的情形下去进行运算.

然而仍有某些性质得以保留下来, 例如, 我们可用某个数去逐项地乘以无穷级数的各个项. 让我们沿着上述结果继续进行游戏, 如果从

$$1.111\ 111\cdots = 1\frac{1}{9}$$

中取走 1, 则得到

$$0.111\ 111\cdots = \frac{1}{9}$$

再乘以 9 就有

$$0.999\ 999\cdots = \frac{9}{9} = 1$$

再除以 10(我们可以设想小数点就在整数 1 的右边,现把小数点向左移动一位,那么整数部分就是 0 了)可得

$$0.099\ 99\cdots = 0.1$$

如果再除以 10,则有

$$0.009\ 99\cdots = 0.01$$

如此等等. 这表明那些有限小数 1,0.1,0.01,…也可写成在某个 0 之后只有 9 而无其他数字出现的无穷小数的形式. 由此也可直接推知,任何有限小数均可用两种不同的方式写成无穷小数的形式. 例如,设 0.2 就是我们所要讨论的有限小数,则首先可把它表示为

$$0.200\ 000\ 0\cdots$$

的形式,这是因为加上 0 个 1/100,0 个 1/1 000,0 个 1/10 000 之一等永远不会改变原来的值. 而另外一种写法就是

$$0.199\ 999\ 9\cdots$$

因为 1 个 1/10 就是 0.1. 而 0.2 中所剩下的另一个 0.1 又等于 0.0999 …(可以证明这是小数展开式中唯一可能引起含糊的地方).

对于我们刚才所讨论的级数

$$1+\frac{1}{10}+\frac{1}{100}+\frac{1}{1\ 000}+\cdots$$

来说,其中每一后项都是其前项的 1/10,亦即后项是其前项乘以 $\frac{1}{10}$ 的结果. 在此读者将可回想起前面所讲过的算术级数,其中任何相邻两项之差总是相等的. 我们把那种任何两项之比总是相等的级数称为几何级数.

我们切不可误认为任何无穷级数均可求知,例如,让我们来看看如下几何级数:

$$1+10+100+1\ 000+\cdots$$

其中相邻两项之比为 10,显然它的部分和最终将大于任何特定的数(例如,从第四项开始,每个部分和就将大于 1 000),所以这一无穷级数趋向于无穷. 另外,即使对于每一项都是由前项乘 1 而得出的几何级数来说,情况也是一样的,因为在级数

$$1+1+1+1+\cdots$$

中,从第一千项开始,每个部分和都大于 1 000,从第一百万项开始,每

个部分和就大于 1 000 000,如此等等.

如果无穷级数中每一项的后项都是由它乘以 -1 而产生的,则由于

$$1\times(-1)=-1, \quad (-1)\times(-1)=+1, \quad (+1)\times(-1)=-1$$

等等,这一级数就将是

$$1-1+1-1+1-1+\cdots$$

我们已经知道这一级数的一些令人惊奇的性质,它的部分和依次为

$$1$$
$$1-1=0$$
$$1-1+1=0+1=1$$
$$1-1+1-1=0+0=0$$

等等,易见这些部分和是交替地等于 0 和 1 的.

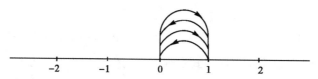

它们跳跃(或说摆动)于 0 和 1 之间,从而这些部分和就根本没有逼近任何确定的数.其次,只要相邻两项之比值是一个绝对值大于 1 的负数,您就会得到更大的跳跃,甚至是不断地增大的跳跃,其图像将是

迄今为止,在我们讨论过的所有级数中,只有一个级数是可以求和的,那就是

$$1+\frac{1}{10}+\frac{1}{100}+\frac{1}{1\,000}+\cdots$$

这可能与如下事实有关,那就是这一级数的项的值越来越小,而且只要我们在这一级数中走得足够远,它们就能变得任意地小.仿照前述巧克力糖的例子,可以证明此级数的项趋向0(可以证明,如果某数的第一个近似值是1,较好一点的近似值是 1/10,更好一点的近似值是 1/100,如此等等,那么这个数就只能是 0,而且恰好是 0,往下我不再

以这种冗长的方式来进行表述,而仅只提及上述巧克力糖一例中的有关证明).按此所讨论的情况,人们可以想象,当我们对无穷多个数求和时,只要这些项越来越小,或者说越来越可忽略不计,它们对求和的结果的影响也就越来越小,于是部分和所包含的项越多,就能越好地用以表示这一无穷级数之和.

然而上述条件是不足以保证无穷级数的可求和性的,序列

$$1, \frac{1}{2}, \frac{1}{3}, \frac{1}{4}, \frac{1}{5}, \cdots$$

也是收敛于 0 的,尽管它的收敛速度要比前面那个序列慢一点.在前面那个级数中,凡第四项以后的各项,其值都小于 $\frac{1}{1\,000}$;而在后一序列中,则要在 1 000 项以后的各项才有这一性质,但它最终收敛于 0 这一点是和前面那个级数一样的.虽然如此,这一级数

$$1 + \frac{1}{2} + \underbrace{\frac{1}{3} + \frac{1}{4}} + \underbrace{\frac{1}{5} + \frac{1}{6} + \frac{1}{7} + \frac{1}{8}} +$$

$$\underbrace{\frac{1}{9} + \frac{1}{10} + \frac{1}{11} + \frac{1}{12} + \frac{1}{13} + \frac{1}{14} + \frac{1}{15} + \frac{1}{16}} + \cdots$$

的部分和却是趋向无穷的.

对此可以证明如下:如果我们增大一个分数的分母而分子不变,则此分数之值就要变小(就像把一块蛋糕分成更多的份数时,其每一份就将变得更小一样).因此,当我们对此无穷级数实行如下代换时,其部分和就将变小,即用 $\frac{1}{4}$ 这一较小的数取代 $\frac{1}{3}$,而用 $\frac{1}{8}$ 分别取代 $\frac{1}{5}$,$\frac{1}{6}$,$\frac{1}{7}$,又用 $\frac{1}{16}$ 分别取代 $\frac{1}{9}$,$\frac{1}{10}$,$\frac{1}{11}$,$\frac{1}{12}$,$\frac{1}{13}$,$\frac{1}{14}$,$\frac{1}{15}$,等等.依次地前进到这样的项,其分母是 2 的某次幂(如 $4 = 2^2$,$8 = 2^3$,$16 = 2^4$,等等),然后就用这一项来取代它前面的那几个项,则如下那个级数

$$1 + \frac{1}{2} + \underbrace{\frac{1}{4} + \frac{1}{4}} + \underbrace{\frac{1}{8} + \frac{1}{8} + \frac{1}{8} + \frac{1}{8}} +$$

$$\underbrace{\frac{1}{16} + \frac{1}{16} + \frac{1}{16} + \frac{1}{16} + \frac{1}{16} + \frac{1}{16} + \frac{1}{16} + \frac{1}{16}} + \cdots$$

的部分和就必定小于原来那个级数的部分和.在这里,我们注意到这一级数的各个组的值依次为

$$\frac{1}{4}+\frac{1}{4}=\frac{2}{4} \qquad\qquad 可化简为 \frac{1}{2}$$

$$\frac{1}{8}+\frac{1}{8}+\frac{1}{8}+\frac{1}{8}=\frac{4}{8} \qquad\qquad 可化简为 \frac{1}{2}$$

$$\frac{1}{16}+\frac{1}{16}+\frac{1}{16}+\frac{1}{16}+\frac{1}{16}+\frac{1}{16}+\frac{1}{16}+\frac{1}{16}=\frac{8}{16}=\frac{1}{2}$$

如此等等. 于是我们看到它的每个组的值总是 $\frac{1}{2}$. 由于 $2\,000\times\frac{1}{2}$ 为 $1\,000, 2\,000\,000\times\frac{1}{2}=1\,000\,000$ 等, 从而只要有足够的长度, 这一级数的部分和就将大于任何指定的数. 由于原先那个级数的部分和必定要比这一级数的相应的部分和更大些, 从而情况就更是如此了.

因而为使一个无穷级数能求和, 则其各项必须以一种相当快的速度趋向于 0. 如果它的项仅以一种三心二意的方式趋向于 0, 则是不能实现的.

十二 直线被填满了

分数的小数展开式已被证明是如此令人惊奇地有规律,它们最终或是有限小数,或是循环小数. 与此同时,我们也已习惯于这样的想法,即把无穷的小数展开式视为一个单一而确定的数,如对 1.111 111 …这一展开式来说,我们发现它恰好等于 $1\frac{1}{9}$. 在此十分自然地会产生这样的问题,就是能否想象出非循环的无限小数,并且是否存在着与这种小数展开式相对应的数?

事实上,我们可以构造出这样的小数展开式,其数字的分布仍然是很有规律的,以致任何人都能继续不断地把它写下去,并由此而获得关于该小数展开式的认识,但在其中却找不到任何循环节. 例如

$$0.101\ 001\ 000\ 100\ 001\ 000\ 001\ \cdots$$

就是这样一个展开式,这里的规则是很简单的,那就是在每个相续的 1 后面总比前面的 1 后面多续一个 0,故在这里不可能出现循环,不然的话,那些 0 中间的 1 迟早就会以等间隔的形式出现. 这一展开式不可能是任何分数的小数展开式,其部分和也不可能收敛于任何有理数.

然而我们将可证明,它们收敛于有理数集合的某种空隙. 而这就表明有理数虽然是无限制地处处稠密的,但在它们之间仍然存有空隙.

对于上面所论的那个小数展开式来说,如果我们截至十分位,就将略去十分位以后的无穷多位数字,因此,它的所有的部分和都大于 0.1. 另一方面,它的任何一个部分和又都小于 0.2. 由上一章的讨论可知,为使一个十分位上的数字为 1 的无穷小数展开式等于 0.2,则在

这个 1 以后必须紧跟着无穷多个 9,即

$$0.199\ 999\ 999\ \cdots$$

因而原来的小数展开式的任一部分和都必定介于 0.1 与 0.2 之间,亦就是说,它们将位于以下直线上的粗线部分.

0	0.1	0.2	0.3	0.4	0.5	0.6	0.7	0.8	0.9	1

而作为一个近似值,我们可以取这一区间中的任何一点.

同理可知,如果我们截止在千分位,则其任一部分和将介于 0.101 和 0.102 之间.由于所说的点彼此靠得太近,我们在图上就只能大致地予以表示(它们的差值是 1/1 000).从而位于这一区间中的点就是较好的近似值,并且这一新区间完全被包含在第一个区间之中.继续如上的讨论,则越来越长的部分和将被装入越来越窄的区间之中:

介于 0.101 001 与 0.101 002 之间

介于 0.101 001 000 1 与 0.101 001 000 2 之间

如果这些区间不是缩小得如此之快的话,则其图像看上去就是如下这种样子:

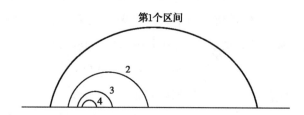

这些区间的长度分别是:

0.1

0.001

0.000 001

0.000 000 000 1

即一个单位的 1/10,1/1 000,1/100 000 等.它们当然收敛于 0(并且收敛速度竟是如此之快,几乎无法用图形和言辞予以表达).这样,那些很长很长的部分和就将被挤入那些无限制地缩小的区间之中.

这正如孩子们所发现的那种一个套着一个的匣子,又像那种一层包着一层的纸包,当您拆去一层包裹纸时,里面马上又露出了另一层

包裹纸;这样您会变得越来越激动,而拆下的包裹纸则越积越多,原来的大纸包变得越来越小,最后事情终于到了尽头,而所剩下的往往只是某个小东西,例如一个纸球.虽然,这种一层包一层的纸包可以做得很大,但您不可能做成这样一个纸包,以使人们永远无法拆完而始终感到困惑不解.

　　第二个区间完全位于第一个区间的内部,第三个区间完全位于第二个区间、同时也完全位于第一个区间内部,第四个区间完全位于所有在它前面的区间的内部,等等.如果继续去构造这种一个套着一个而又无限制地变得越来越小的区间的话,那么最终所得到的将是所有这些区间的一个公共部分.可以证明该公共部分是一个唯一确定的点.今设我们已经找到了这样一个公共点,而另一个人走过来说,他找到了另一个公共点,即一个也被包含在所有的区间之中的点,而且这个点不同于我原先找到的点.当然他的点与我的点之间不可能离得很远,但为了在图中能看清楚起见,我只得把两个点画得离开相当一段的距离.然而以下的证明对任何小的距离也是同样适用的.

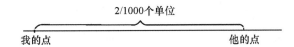

　　无论这两个点是如何地靠拢,只要它们互不相同,两者之间就肯定存在着一个确定的距离.例如,是2/1 000个单位.让我们取其一半,即1/1 000个单位长.由于那些一个套着一个区间的长度是趋于 0 的,因此这些区间的长度迟早要小于 1/1 000 个单位,我的点将位于某个长度小于 1/1 000 个单位长的小区间中.但是,即使它十分靠近该区间的左端点,该区间也不可能包含位于 2/1 000 个单位距离以外的另一个点,因为这一区间的长度小于 1/1 000 个单位.

　　因此,他那个作为反例而给出的另一个点就必然位于这一区间及任何更小的区间之外,从而也就不可能成为所有这些区间的公共点.

　　所有这些区间只能有一个确定的公共点,而且不论我们选定这些区间中的哪一个区间,只要我们走得足够远,0.101 001 000 1 …的部分和就将位于这一区间之中,而与这些部分和相应的点就将越来越靠近我的点.换句话说,它们都收敛于我的点.

如此,我们就在数轴上找到了这样一个点,而没有任何一个数与之对应.尽管那些与分数相对应的点是如此稠密地分布在这一直线上,却没有一个分数对应于我们所找到的这个点,因为分数的小数展开式是循环的,而收敛于这个点的0.101 001 000 100 001…是绝不会出现循环的.这是一个十分确定的点,它和原点有着确定的距离,然而我们却无法用整数或分数来表示这一距离.因而这一距离迄今还不具有度量它的数.为了弥补这一缺陷,我们就说这一距离的度量是"无理数"

$$0.101\ 001\ 000\ 100\ 001\ \cdots$$

如此,我们就引进了一个迄今尚未命名而又十分确定的数,而以下的这些有理值

$$0.1, 0.101, 0.101\ 001, \cdots$$

就是它越来越好的近似值.对于实际工作者和物理学家来说,它和小数展开式 $\frac{4}{9} = 0.444\cdots$ 是同样有用的,因为就其逼近来说,这里没有任何不可达的精确度,我们能够知道它的任何一位我们所希望知道的数字,因为我们已对这些数字的模式有了一个总的认识.

用同样的方式可以证明,任何一个非循环而又遵循着某种规则的无穷小数都对应着一个确定的点,即在数轴上与原点有着确定距离的一个点,我们将把所有这类无穷小数展开式视为相应于它们的各个距离的度量,并统称为无理数.

如上的讨论可能是十分抽象的,但我曾有过这样一个四年级的学生,名叫 Eva,她自己找到了这样一段距离,对此既无法用整数,也无法用分数来表示它的长度.她当时正在做以下的智力游戏,即设想有一正方形的鱼塘,并在鱼塘的每个角上植有一棵树,试问如何才能得出一个面积两倍于它的大鱼塘,既要使它保持正方形,同时又要使那四棵树仍在鱼塘之外侧.

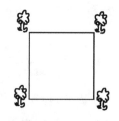

Eva 发现问题的答案应如下图所示.

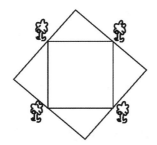

图中那个大正方形的面积确实两倍于小正方形的面积,因若作出小正方形的对角线,然后只要把所获之四个三角形翻到外面,我们就得到了那个大的正方形,而这样做恰好就使小正方形的面积扩大了一倍.

然而 Eva 并没有满足于上述结果,她希望进一步知道,如果小鱼塘的边长为 1 英里的话,那么大鱼塘的边长该是多少? 此时小鱼塘的面积是 $1 \times 1 = 1$ 英里^2,因此大鱼塘的面积是 2 英里^2. 从而问题是如何找到这样一个数,其平方等于 2. 这正是乘方的逆运算,即开方运算的由来. 如果有这样一个数存在的话,我们就用 $\sqrt{2}$ 来表示它,这就在于 $\sqrt{2}$ 的计算.

为此,Eva 就开始了试探,既然小正方形的边长为 1 英里,则大正方形的边长就显然要长些,但也不可能是 2 英里. 因为 $2 \times 2 = 4$,即它的面积将是 4 英里^2 了. 故其边长必定介于 1 英里与 2 英里之间.

Eva 进而在十分位范围内进行了试探,经过几次试探以后又发现

$$(1.4)^2 = 1.4 \times 1.4 = 1.96$$

和

$$(1.5)^2 = 1.5 \times 1.5 = 2.25$$

显然,1.96 太小而 2.25 又太大,从而所求边长必定介于 1.4 英里和 1.5 英里之间. 这时她又把这一区间划分为百分位数,用同样的方法易见所求边长应介于 1.41 和 1.42 之间. 如此继续下去,经过反复的

试探,Eva 越来越感到她永远不会找到那个平方为 2 的数了."但这个数是必定存在的呀!因为它显然就是那个大正方形的边长,而这个大正方形是我亲自作出的."Eva 情不自禁地自言自语地说着.

Eva 的直觉是正确的,确实没有一个有理数的平方是 2.首先,当她证明了所求之数必然位于 1 和 2 之间时,Eva 其实已证明了没有一个整数的平方为 2,因为没有任何整数能介于 1 和 2 之间,从而只要对 1 与 2 之间的分数加以检验就可以了.

让我们尽可能地简化这一检验过程.首先,这些分数的分母不可能是 1,因为 $\frac{3}{1}$ 就是整数 3,而 1 与 2 之间是没有任何整数的.其次,可以同样明确地断言,我们无法对最简分数的平方进行约分.例如

$$\left(\frac{15}{14}\right)^2 = \frac{15 \times 15}{14 \times 14}$$

此处 $\frac{15}{14}$ 是最简分数,因为 $15 = 3 \times 5$,并且 $14 = 2 \times 7$,所以 15 与 14 是没有公因子的.另一方面,它们也不可能通过自乘而产生公因子,即

$$\left(\frac{3 \times 5}{2 \times 7}\right)^2 = \frac{3 \times 5 \times 3 \times 5}{2 \times 7 \times 2 \times 7}$$

其平方也是不可约的.由此上面的问题就归结为一个分母不为 1 的最简分数之平方能否为 2?

但 Eva 的试探已是构造区间套的开端,同时也已得到 $\sqrt{2}$ 的小数展开式的开端部分,任何介于 1 和 2 之间数的小数展开式一定是这样开始的:

$$1.\cdots$$

从而任何一个具有那些开端的数均可被视为 $\sqrt{2}$ 的第一个近似值.

如果我们进一步知道这个数是位于 1.4 与 1.5 之间,那么该数的小数展开式就将如此地继续下去:

$$1.4\cdots$$

而且任何一个具有如此开端的数均为 $\sqrt{2}$ 的一个较好的近似值;再据所求之数必定位于 1.41 和 1.42 之间的事实,我们又可继续得到

$$1.41\cdots$$

现在,我们就必须把位于 1.41 和 1.42 之间的区间分割成千分位数,

并且研究在如下的数:

$$1.410, 1.411, 1.412, 1.413, 1.414$$
$$1.415, 1.416, 1.417, 1.418, 1.419$$

中间,究竟哪一个数的平方小于 2,且其后续的那个数的平方又大于 2.这两个数给出了一个包含 $\sqrt{2}$ 在内且其长度为 1/1 000 的区间,从而我们同时也就找到了 $\sqrt{2}$ 的小数展开式的第三位小数上的数字.

还有一种确定 $\sqrt{2}$ 的小数展开式的更为机械的方法,但是仅由上述那种把对象嵌入越来越小的区间的过程,我们就能看出问题的实质了.

上述过程当然是能无限制地继续下去的,并且由此而给出了 $\sqrt{2}$ 的越来越好的近似值.由于 $\sqrt{2}$ 不可能是一个有理数,因此我们知道这一过程永远不会终止,也不会出现循环.但 $\sqrt{2}$ 仍然是一个十分确定和明确的数,我们知道这一通过越来越精确地逼近而获得的数究竟有多大,它正好是扩大了的鱼塘的边长.

众所周知的毕达哥拉斯定理也有助于我们弄清 $\sqrt{2}$ 究竟是什么数.让我们作一个两条直角边都是一个单位长的直角三角形,并在其三条边的外侧分别作出以三角形边长为边长的正方形.

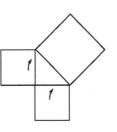

今在两个较小的正方形上各作一条对角线,

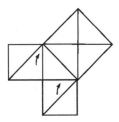

而在大正方形中作两条对角线,由此而得的那些三角形都是全等的.

由于两个小正方形中有四个这样的三角形,大正方形正好也由四个这样的三角形所组成,两个小正方形面积之和恰好等于大正方形之面积.又由于正方形的面积是通过边长的平方来计算的,从而直角边的平方和就等于斜边的平方(须知这一结论不只是对于这一特殊的三角形成立,而且对任何直角三角形都是正确的,不过一般情况下的证明要复杂一些).在这里,两条直角边的平方和为

$$1^2 + 1^2 = 1 + 1 = 2$$

既然它等于斜边的平方,所以斜边之长必为 $\sqrt{2}$ 个单位长.

可以证明,无理数的运算可以通过近似值的运算来进行.由于无理数的近似值都是有理数,而有理数是满足原来的运算法则的,因此无理数的运算也就满足原来的运算法则.由于无理数是一种无穷级数,因此我们现在所遇到的就是无穷级数满足原来运算法则的情况.

现在我们可以继续考虑以前被搁置起来的一个问题了:即我们能否用英寸来度量任何立方体和正方形的边长的问题.由于我们现在已见到确有这样的距离,它无法用英寸的任何分数表示式予以度量,因而上述问题的答案就是否定的,即这种度量并非总是可能的.例如,如果用 $\frac{1}{20}$ 英寸去量某段距离,正好 31 次量完,那么这一段距离就是 $\frac{31}{20}$ 英寸.然而我们刚才已经看到,如果直角三角形的两条直角边都是 1 时,那么在同一个度量单位之下,其斜边的长度就无法用有理数来表示(此处之所以要强调在同一个度量单位之下,乃因确实存在着相应于 $\sqrt{2}$ 的完全确定的距离,因此,如果我们就以这一距离作为度量单位,当然就能用有理数来表示它自身的长度了).

然而,尽管存在着无法用有理数来度量的距离,但我们仍然能在巧克力糖一例的精确意义下,借助于有理近似值去证明,原来那些有关面积和体积的公式对于所有这种距离依然是成立的.

我们还应向读者说明与二次方程有关的问题,我们曾经在讨论方程

$$(x+3)^2 = 2$$

时遇到过困难,但现在我们可以求解这一方程了.由于现在我们已经有了负数,且知正数和负数的平方总是正数,从而 $+\sqrt{2}$ 和 $-\sqrt{2}$ 均可视为其平方为 2 的数,故有

$$x+3 = +\sqrt{2} \quad \text{或} \quad x+3 = -\sqrt{2}$$

如果再把 3 作为减项而移到右边,则可得如下两个答案:

$$x = +\sqrt{2} - 3 \quad \text{或} \quad x = -\sqrt{2} - 3$$

而负数却又带来了新的麻烦,如对方程

$$x^2 = -9$$

而言,我们就不知如何是好了,因为 $+3$ 和 -3 的平方都是 $+9$.我们不

知道有其平方为 -9 之数存在,对此,我们将在下文中予以讨论.

我们之所以引进无理数,乃因我们在数轴上发现了空隙,即发现了没有任何(有理)数与之对应的点.全部有理数和无理数(统称为实数,在将来我们还要讨论那些实在性较成问题的数)就完全填满了数轴,因为在数轴上无论选取哪一个点,它总将依次地介于某些整数、某些分数、某些百分位数等之间,正如我的学生 Eva 在对 $\sqrt{2}$ 的试探过程中所发现的情况那样,而这些区间就依次地给出了某个数的小数展开式中的各个数字,如果这一展开式在某处终止(就是说这个点恰与某个十分位数,或百分位数,或千分位数等相一致),或者变为循环小数时,则相应于此点的就是有理数,否则,相应于此点的即为无理数.

例如,如果我们希望把相应于巧克力糖一例中出现的数 $1\frac{1}{9}$ 的点置于这种区间套中的话,我们将会看到,它首先介于 1 与 2 之间,进而介于 1.1 和 1.2 之间,再介于 1.11 与 1.12 之间,更进一步就是介于 1.111 与 1.112 之间,从而如下数列

$$1,1.1,1.11,1.111,\cdots$$

中的每一个数,就将依次落在我们的逐渐缩小的区间套中的各个区间中(而每次都恰好是区间的左端点),这正是这些数依次成为 $1\frac{1}{9}$ 的越来越好的近似值,即它们任意地接近这个数的直观背景.当然,它们所产生的是一个循环小数,因为 $1\frac{1}{9}$ 是有理数.

虽然至今我们还只是偶然地遇到一些,但无理数是很多的,因为我们本能地感到一个小数的展开式成为循环一事是较为特殊的,而不循环的情形应当更普遍.然而这种直觉在过去曾使我们走入歧途,即认为有理数当然要比自然数多得多,但在最后却发现了所有的有理数能排成一个序列,从而能与自然数序列一一配对.有理数序列中的第一个数对应于1,第二个数对应于2,等等.因而我们也就应当考虑,对于无理数来说,是否也会存在这样的配对过程呢?

首先,让我们一并考虑有理数和无理数,即实数,并把它们全都写成小数展开式的形式.其次,让我们局限于考虑介于 0 与 1 之间的实数,即只考虑整数部分为 0 的那些小数,这样我们就无须为整数部分

操心.我将证明:仅就这一部分实数,它们也要比自然数的个数来得多,即我们不可能无遗漏地把这些实数排成一个序列.

假设有人说我的这一结论是错误的,认为他已给出了"反例",即已经无一遗漏地将所有(整数部分为0)的实数构成了一个序列,并已部分地写出了这一序列,而从所写出的数就能看出某种确定的规则,按此规则,任何人都能把序列中的数继续不断地写下去.今设这一序列的开头部分是这样的:

第一个数　0.1

第二个数　0.202 020 …

第三个数　0.311 311 131 111 3 …

$$\vdots \qquad\qquad \vdots$$

此处还假定了可按某种规则继续去写出这些数,并且任何一个实数迟早都将包含于其中.

然而,不论这种序列是按照什么样的规则写出的,我们总能构造出一个整数部分为0的实数,它肯定不被包括在所说的这一序列之中.

首先让我们把序列中的有限小数补上无穷多个0,使之成为

第一个数　0.100 000 000 000 …

第二个数　0.202 020 202 020 20 …

第三个数　0.311 311 131 111 311 11 …

$$\vdots \qquad\qquad \vdots$$

现在我们如此地去构造我们的数,数中的第一个数字是

$$0.\cdots$$

那么,在十分位上应写上什么呢?让我们看一下那个所谓"反例"序列中的第一个数的十分位上是个什么数字.然后,可在我们的数的十分位上写上任何一个别的数字,但不能写0和9.为了确切起见,由于在所说"反例"序列的第一个数的十分位上的数字为1,我们就在我们的数的十分位上写上2(当然也可在此写上3,4,5,6,7,8中的任何一个数字),而如在"反例"序列中第一个数的十分位上是别的数字,则我们在这里就写上一个1.因此,我们的数将是

$$0.2\cdots$$

进而我们可以通过观察"反例"序列中第二个数的百分位上所写的是什么数字来写出我们的数的百分位上的数字. 在此我们也可同样地写上任何别的数字,但还是让我们限于 1 和 2 吧! 由于"反例"序列中第二个数的百分位上是 0 而不是 1,故我们在此写上 1(如果那里是 1,我们就写 2),如此,我们的数就将是

$$0.21\cdots$$

我们可以无限制地把这一过程继续做下去,例如在我们的数的千分位上将写上 2,因为"反例"序列中第三个数的千分位上是 1. 如此我们的数就将是

$$0.212\cdots$$

现在任何人都可把这一过程继续下去了,只要"反例"序列中的数是按照某种确定的规则一个接一个地排下去的,那么按照如上的办法去一步接一步地构造我们的数就不会遇到任何困难. 按此方法,我们就构造出了一个整数部分为 0 的无穷小数,但它肯定不被包含在"反例"序列之中,因为我们的数和"反例"序列中第一个数在十分位上的数字不同,与第二个数在百分位上的数字不同,与第三个数在千分位上的数字不同,如此等等. 从而我们的数与"反例"序列中的每一个数至少有某一位小数位上的数字是不相同的. 所以我们的数与"反例"序列中的任何一个数都不相同. 另外,我们的数和"反例"序列中的某个数只有形式上的差异,而在数值上相等的情况也不可能出现,因为这种模棱两可的事只可能发生在小数展开式的某位数以后全是 0 或全是 9 的情况,而我们的数的各位小数不是 1 就是 2.

因此,任何人企图把实数排成一个序列而使之与自然数 1, 2, 3, 4, 5, … 配对的话,就至少要遗漏掉一个实数. 从而实数就要比自然数多,而如果我们不局限于整数部分为 0 的实数,情况当然更是如此.

我们事实上是把有理数和无理数合并在一起来证明如上结论的. 但我们已经知道有理数是可数的,即它们能写成序列的形式. 如果无理数也能写成序列的形式的话,则只要交替地从这两个序列中选取元素,即可十分容易地把这两个序列合并成一个新的序列. 例如,我们可将正整数和负整数的序列

$$1, 2, 3, 4, 5, \cdots$$

和

$$-1,-2,-3,-4,-5,\cdots$$

合并为一个单一的如下序列：

$$1,-1,2,-2,3,-3,4,-4,5,-5,\cdots$$

因此，由有理数和无理数合并而成的新序列就将包括所有的实数. 但我们已经证明这样的序列是不存在的. 因此，即使就无理数而言也不可能写成一个序列，亦即它们是不可数的，从而它们的个数要比有理数多.

因而在引进无理数时，我们所完成的就不只是在处处稠密的有理数中去填满少数的几个空隙. 尽管有理数在数轴上是处处稠密的，但无理数却仍然连续地分布于整个直线，从而有理数就只是无理数蛋糕中的葡萄干了. 这看上去有点像古老的关于以太的假说：以太被说成是已经占据了所有的空间而没有留下任何空隙，然而表面上看来是无处不有的空气分子仍然是游离地散布于其中.

十三 图线变得光滑了

在回顾所有那些给读者所许下的诺言时，我突然想起 Pascal 三角形顶端的那个孤独而可怜的 1：

$$
\begin{array}{ccccccc}
& & & 1 & & & \\
& & 1 & & 1 & & \\
& 1 & & 2 & & 1 & \\
1 & & 3 & & 3 & & 1 \\
\end{array}
$$

$$\cdots$$

我们曾已证明从第二行开始，每一行中各项之和依次为

$$2^1, 2^2, 2^3, \cdots$$

如果我们希望顶端处的 1 亦能列入这一序列并满足其排序规律的话，则必须使其值为 2^0，但是 2^0 至今还没有确定的意义，因为我们不能把一个数自乘 0 次，而且迄今为止，我们也尚未感到应赋予 2^0 这种表示式以某种意义的必要性．

再让我们花费一点时间来考虑乘方运算，我们记得同底幂的乘法是十分容易的，只要把它们的指数相加就可以了，例如

$$3^2 \times 3^4 = \underbrace{3 \times 3}_{} \times \underbrace{3 \times 3 \times 3 \times 3}_{} = 3^6$$

和

$$6 = 2 + 4$$

如果我们限于讨论同底幂的话，则其他运算也可十分容易地进行，例如

$$\frac{3^6}{3^2} = \frac{3 \times 3 \times 3 \times 3 \times 3 \times 3}{3 \times 3}$$

消去 3×3，即得

$$\frac{3 \times 3 \times 3 \times 3}{1} = 3 \times 3 \times 3 \times 3 = 3^4$$

如此

$$\frac{3^6}{3^2} = 3^4 \text{ 和 } 4 = 6 - 2$$

从而同底幂的除法即可通过指数相减的办法去进行. 又如:

$$(3^2)^4 = 3^2 \times 3^2 \times 3^2 \times 3^2$$

$$= \underbrace{3 \times 3} \times \underbrace{3 \times 3} \times \underbrace{3 \times 3} \times \underbrace{3 \times 3} = 3^8$$

并且

$$8 = 2 \times 4$$

因此,当我们要对一个幂进行乘方时,可以直接把指数相乘. 依据这一理由,去构造某个同底幂的乘方表就是有意义的了. 让我们以 2 为底,就可以十分容易地计算出它的各次幂.

$$2^1 = 2$$
$$2^2 = 4$$
$$2^3 = 8$$
$$2^4 = 16$$
$$2^5 = 32$$
$$2^6 = 64$$
$$2^7 = 128$$
$$2^8 = 256$$
$$2^9 = 512$$
$$2^{10} = 1\ 024$$
$$2^{11} = 2\ 048$$
$$2^{12} = 4\ 096$$
$$\vdots$$

如果我们要把两数相乘,这两个数又都是 2 的幂的话,我们就能不费工夫地直接从上表中查到结果. 例如,要计算

$$64 \times 32$$

由于相乘的两个数都出现在表中,因此我们碰上了好运气,它们相应的指数分别是 6 和 5,把它们加起来是没有什么困难的,其和为 11,在此只需查表中的第 11 行,即可知结果为

$$2\ 048$$

另外,若要求 32 的平方,表中相应于 32 的指数是 5,用 2 乘之,不费一秒钟即知其结果为 10,而查看表中第 10 行即知结果为

$$32^2 = 1\,024$$

这完全是一种儿童游戏,但遗憾的是表中不包括所有的数.为了使每个数(甚至 3)都能表示为 2 的幂,让我们对幂的意义加以扩充.

如此我们就遇到了乘方运算的另一种逆运算,即我们现在要寻找这样的指数,使得 2 的这么多次方正好等于 3,这种运算叫作取对数,而运算的结果就是 3 的以 2 为底的对数.

从计算的角度来看,分数是最麻烦的,我们的表中没有出现分数,因为 2 的最小幂 2^1 就等于 2 本身.因此,我们首先应考虑如何把分数表示为 2 的幂.在从事这一工作时,我们的基本想法和以前一样,大于 2 的数应当表示为 2 的较高次幂,这样我们就不应在上面的表中去寻找它们,而必须引进次数比 1 还小的 2 的幂.如果我们是以整数的步子往回走的话,则符号

$$2^0, 2^{-1}, 2^{-2}, 2^{-3}, \cdots$$

就排成了一个等待被赋予意义的队伍.

对于运算的这种扩张,我们必须特别注意,原先的那些规则是否继续有效? 我们不应忘记自己的目标,那就是希望新的运算能像原先的运算一样地方便.

首先我们注意到,如果用 2^0 去乘 2 的任何一个幂,其结果应该和指数上加 0 是一样的.由于任何数加 0 不发生任何变化,从而我们应赋予 2^0 以这样的意义,即用 2^0 去乘任何数都不会发生变化,具有这种性质的数显然只有 1.从而我们就必须按如下方式来定义 2^0(类似地,任何底的 0 次方),即

$$2^0 = 1$$

按此定义方式,Pascal 三角形就获得了一种统一的表述方式.

当我们赋予 2^{-1} 以某种意义时,我们注意到应保有

$$2^1 \times 2^{-1} = 2^{1+(-1)} = 2^0 = 1$$

另一方面,当我们将 2^1 移到方程

$$2^1 \times 2^{-1} = 1$$

的另一边时,原方程变形为

$$2^{-1} = \frac{1}{2^1}$$

类似地,依据

$$2^2 \times 2^{-2} = 2^{2+(-2)} = 2^0 = 1$$

的要求,就有

$$2^{-2} = \frac{1}{2^2}$$

且由

$$2^3 \times 2^{-3} = 2^{3+(-3)} = 2^0 = 1$$

的要求则有

$$2^{-3} = \frac{1}{2^3}$$

等等.因此,如果我们希望所有那些方便的计算方法都能保持不变,则就必须将负指数幂解释为相应的正指数幂的倒数.按照上述的方法,我们的表就不但向前,同时也向后无限地延伸,且在其中包括了一批分数:

$$2^{-3} = \frac{1}{2^3} = \frac{1}{8} = 1/8 = 0.125$$

$$2^{-2} = \frac{1}{2^2} = \frac{1}{4} = 1/4 = 0.25$$

$$2^{-1} = \frac{1}{2^1} = \frac{1}{2} = 1/2 = 0.5$$

$$2^0 = 1$$

$$2^1 = 2$$

$$2^2 = 4$$

$$\vdots$$

这对于分数 $\frac{1}{2}, \frac{1}{4}, \frac{1}{8}, \cdots$ 即小数 $0.5, 0.25, 0.125, \cdots$ 的计算是十分方便的.

然而即使在这样的表中,数与数之间仍有很大的间隙,例如,$2^1 = 2$ 而 $2^2 = 4$.如果我们希望能把介于 2 和 4 之间的一个数(例如 3 或 2.7)写成 2 为底的幂的形式,那么,按照先前的模式,唯一的可能就是选取某个介于 1 和 2 之间的数作为指数,例如 $1\frac{1}{2}$ 介于 1 和 2 之间,

因 $\frac{2}{2}=1$，故 $1\frac{1}{2}$ 等于 $\frac{3}{2}$. 如此，我们就必须对 2 的 $\frac{3}{2}$ 次幂做出解释. 一般地说，也就是必须对任何一个分数指数幂做出解释.

按照必须保持关于幂的乘方运算的法则的考虑，我们就能确定所说的解释. 若乘方规则仍然有效，则应有

$$(2^{\frac{3}{2}})^2=2^{2\times\frac{3}{2}}=2^{\frac{6}{2}}=2^3$$

从而，$2^{\frac{3}{2}}$ 就应当是平方等于 2^3 的那个数，但这也正是我们用 $\sqrt{2^3}$ 来表示的那个数，因此

$$2^{\frac{3}{2}}=\sqrt{2^3}=\sqrt{8}$$

计算 $\sqrt{8}$ 到第一位小数就是 2.8. 又由于

$$\frac{3}{2}=3/2=1.5$$

(在指数运算中，对于 $\frac{3}{2}$ 这样的指数来说，用小数的表示形式更为方便些.)因此我们就能在 2^1 和 2^2 这两行之间插入一个新的行：

$$2^1=2$$
$$2^{1.5}=2.8$$
$$2^2=4$$
$$\vdots$$

虽然 2.8 已经较为接近 3，但在这里我们依然未能实现把 3 写成 2 为底的幂的形式的目的. 可以证明，3 不可能被精确地表示为以 2 为底的任何一个分数指数幂的形式. 但可用这种分数指数幂去任意地逼近 3，我们就用这种近似值来定义无理指数幂.

这就是我们在编写对数表时的基本思想. 事实上，老的对数表也就是用这样的方法编写出来的. 在中学里所使用的对数表通常都是以 10 为底的，这当然是与手指的游戏有关，但是这种手指的游戏在这里却给我们造成了很大的困难. 因为与 2 相比，在以 10 为底的各次幂之间，亦即在 $10,100,1\,000,\cdots$ 之间的间隙要大得多，从而要填满这些间隙势必就更为麻烦.

有些对数表却是以"e"为底的，这叫作自然对数. 数"e"是一个无理数，其开始部分是 $2.71\cdots$. 那么，又是什么思想促使我们去取 e 作为底数的呢？对此有种种不同的解释，但我却认为如下的一种解释方

法最好.

对于对数的计算来说,10 并不是一个十分理想的数. 然而选取一个小于 2 的数来作为我们的底,看来是更为合理的想法,因为这样一来,其整数指数幂之间的间隙就将变得更小些. 当然我们不能减小到以 1 为底,因为 1 的任何一次幂都等于 1. 此外,采用比 1 还小的数来作为底,也不是一个好主意,因为对一个真分数进行乘方运算时,其结果将变得越来越小,例如 $(\frac{1}{2}) \times (\frac{1}{2}) = \frac{1}{4}$. 现在让我们先对 1.1 进行试探,这是比较方便的. 因由 Pascal 三角形就能知道 1.1 的各次幂,然后只要注意小数点的位置,并记住用 1/10 去乘任一数就等于用 10 去除它,从而只要将小数点向左移动一位就可以了. 另外,我们还应记住,任何底的 0 次幂总是 1.

$$1.1^0 = 1$$
$$1.1^1 = 1.1$$
$$1.1^2 = 1.21$$
$$1.1^3 = 1.331$$
$$1.1^4 = 1.464\ 1$$
$$\vdots$$

可以看出,这些幂增长得相当慢. 这样,在我们对其中的孔隙进行填补之前,我们就已经有了很多介于 1 和 2 之间的数了.

当然,如果我们选取更接近于 1 的数来作为底的话,则就更为理想了. 让我们就以 1.001 为底(此时,我们可在 Pascal 三角形的数之间成对地插入 0):

$$1.001^0 = 1$$
$$1.001^1 = 1.00\ 1$$
$$1.001^2 = 1.00\ 2001$$
$$1.001^3 = 1.003\ 003\ 001$$
$$\vdots$$

这可说已经是相当稠密了,这些幂是如此缓慢地按照蜗牛的速度在增长着,以致我们甚至要怀疑它们能否抵达 2 了. 但是,我们可以证明,任何大于 1 的数,哪怕是大一点儿,其幂终将趋向无穷,只是它的增长速度可能很慢.

然而这个表在美学上却存在着某种缺陷.由于我们的幂增长得十分缓慢,而和一个很小的数所相应的指数却很大,这确实是极不相称的.例如,为了抵达 2,我们就要走到一千次那么远.由此我们想到,若把指数缩小到 1/1 000 的话,两者之间的关系就会变得协调得多.显然,这是不难做到的,只要把底乘方一千次即可,因为

$$(1.001^{1\,000})^{\frac{1}{1\,000}} = 1.001^{1\,000 \times \frac{1}{1\,000}} = 1.001^{\frac{1\,000}{1\,000}} = 1.001^1$$

$$(1.001^{1\,000})^{\frac{2}{1\,000}} = 1.001^{1\,000 \times \frac{2}{1\,000}} = 1.001^{\frac{2\,000}{1\,000}} = 1.001^2$$

等等,这表明为了使 1.001 的幂与 $1.001^{1\,000}$ 的幂相等,后者的指数只需是前者的指数的 1/1 000.

当我们对 $1.001^{1\,000}$ 进行乘方时,我们就可按 1/1 000 一步一步地增长,如用小数展开式表示的话,就是

$$\frac{1}{1\,000} = 0.001, \quad \frac{2}{1\,000} = 0.002, \quad \frac{3}{1\,000} = 0.003, \cdots$$

如此,按照如上所说的 1.001 的幂与 $1.001^{1\,000}$ 的幂之间的联系就有

$$(1.001^{1\,000})^0 = 1.001^0 = 1$$

$$(1.001^{1\,000})^{0.001} = 1.001^1 = 1.001$$

$$(1.001^{1\,000})^{0.002} = 1.001^2 = 1.002\,001$$

$$(1.001^{1\,000})^{0.003} = 1.001^3 = 1.003\,003\,001$$

$$\vdots$$

这样,指数的增长和相应的幂的增长就显得较为协调了,其稠密性也并未遭到破坏.

显然,若以

$$1.000\,1^{10\,000}, \ 1.000\,01^{100\,000}, \ 1.000\,001^{1\,000\,000}, \cdots$$

为底求幂时,则将越来越符合我们的目的.可以证明这一序列收敛于一个无理数,其开始部分为 2.71…. 这个数在数学中有十分重要的作用,以致获得了一个特殊的名称,叫作"e",以 e 为底的对数被称为自然对数.因为人们在寻找越来越合适的底数的研究过程中十分自然地导致了这种对数的发现.

我们出于对数的考虑而填满了幂定义中的空隙,现在已经不限于整数幂,而是任何指数幂都是有意义的了.如此我们就可以把原来很

不完善的指数函数的图线完善化. 为此我们可将这一函数写成方程的形式,并不妨仍以 2 为底,而指数是未知数,故以 x 表示之,幂的值将随着 x 的变化而变化,我们以 y 表示之,即得指数函数的方程式

$$y = 2^x$$

我们将在水平直线上以 ⊢—⊣ 为单位刻画 x 的值(在这一直线上标出 0 点,并以由 0 向左的线段来表示负数). 另外,在垂直方向的直线上以 ⊢—⊣ 为单位刻画 y 的值:

如果 $x = -3$,则 $y = 2^{-3} = \dfrac{1}{2^3} = \dfrac{1}{8}$.

如果 $x = -2$,则 $y = 2^{-2} = \dfrac{1}{2^2} = \dfrac{1}{4}$.

如果 $x = -1$,则 $y = 2^{-1} = \dfrac{1}{2} = \dfrac{1}{2}$.

如果 $x = 0$,则 $y = 2^0 = 1$.

如果 $x = 1$,则 $y = 2^1 = 2$.

如果 $x = 2$,则 $y = 2^2 = 4$.

如果 $x = 3$,则 $y = 2^3 = 8$.

因此,我们必须在水平直线上的点 $-3, -2, -1, 0, 1, 2, 3$ 等处分别垂直向上量出

$$\frac{1}{8}, \frac{1}{4}, \frac{1}{2}, 1, 2, 4, 8$$

个单位,如图所示.

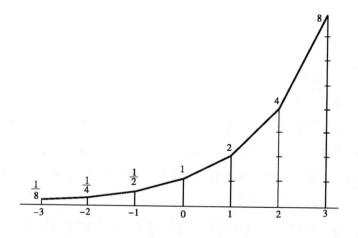

我们还可以取介于上述值之间的那些 x 值,例如,如前所已知

$$2^{1\frac{1}{2}} = 2^{\frac{3}{2}} = \sqrt{2^3} = \sqrt{8} = 2.8\cdots$$

类似地,我们可以计算出介于其他整数之间的值,若取一位小数的话,就有

如果 $x = -2\frac{1}{2}$,则 $y = 0.2$.

如果 $x = -1\frac{1}{2}$,则 $y = 0.4$.

如果 $x = -\frac{1}{2}$,则 $y = 0.7$.

如果 $x = \frac{1}{2}$,则 $y = 1.4$.

如果 $x = 1\frac{1}{2}$,则 $y = 2.8$.

如果 $x = 2\frac{1}{2}$,则 $y = 5.7$.

利用如上这些结果便可使得前面画出的图线进一步完善. 我们应当在水平线上的点

$$-2\frac{1}{2}, -1\frac{1}{2}, -\frac{1}{2}, \frac{1}{2}, 1\frac{1}{2}, 2\frac{1}{2}$$

处分别垂直向上量出

$$0.2, 0.4, 0.7, 1.4, 2.8, 5.7$$

个单位,如图所示.

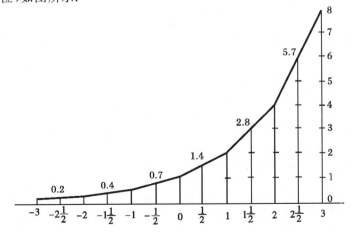

上述图线中各个线段的衔接处已经基本上没有"棱角点"(明显的曲折)的痕迹了. 如果我们在水平直线上取遍 x 的一切有理值和无理值的话——至少在想象中——其图线就将变成一条完全光滑的曲线.

可以看到,该图线在向左延伸时,曲线越来越靠近水平直线,却又永远不会触及水平直线,因为 2 的任何次幂都不可能等于 0,而只有当 y 的值为 0 时,相应的点才可能落到水平直线上.

对于前面暂时搁置一边的除法的图线,我们也能看到类似的情况,而当我们只取整数值的时候,这一点是不容易看清的.例如,设被除数为 12(我们已知 12 有许多因子),我们将令除数进行变动,故称它为 x,相除的结果,即其商 y 将随着除数的变动而变动,如此

$$y = \frac{12}{x}$$

如果 $x = -12$,则 $y = \frac{12}{-12} = -1$,因为 $(-12) \times (-1) = +12$.

如果 $x = -6$,则 $y = \frac{12}{-6} = -2$,理由类同.

如果 $x = -4$,则 $y = \frac{12}{-4} = -3$.

如果 $x = -3$,则 $y = \frac{12}{-3} = -4$.

如果 $x = -2$,则 $y = \frac{12}{-2} = -6$.

如果 $x = -1$,则 $y = \frac{12}{-1} = -12$.

如果 $x = 1$,则 $y = \frac{12}{1} = 12$.

如果 $x = 2$,则 $y = \frac{12}{2} = 6$.

如果 $x = 3$,则 $y = \frac{12}{3} = 4$.

如果 $x = 4$,则 $y = \frac{12}{4} = 3$.

如果 $x = 6$,则 $y = \frac{12}{6} = 2$.

如果 $x = 12$,则 $y = \frac{12}{12} = 1$.

我们由水平直线垂直向上去量出正的 y 的值,而垂直向下去量出负的 y 的值.因此在点 $-12, -6, -4, -3, -2, -1$ 处,我们垂直向下画出 $-1, -2, -3, -4, -6, -12$ 个单位.在点 $1, 2, 3, 4, 6, 12$ 处,我们

垂直向上画出 12,6,4,3,2,1 个单位.在我们所设各个方向上均以 ⊢⊣ 之长为单位长度,则有图像如下.

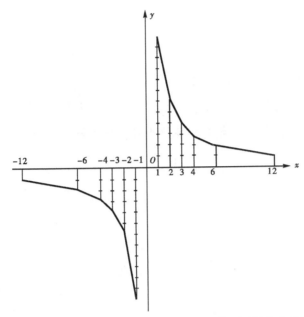

我们几乎不再需要任何非整数点的中间值了,因为上面的图线已经相当漂亮和光滑.然而还是让我们对其端点做些研究,而由 O 点垂直向上作一直线对我们的研究是有益的,这时我们把水平直线称为 x 轴,而把所作与 x 轴垂直的直线叫作 y 轴.由上面的图像可以看出,图线的两个分支都越来越靠近 x 轴和 y 轴,但又永远不会触及它们.我们把这两条直线称为图线的渐近线.事实上,如果我们在 x 轴上由 O 点向右走得足够远的话,例如取 $x=24$,则

$$y=\frac{12}{x}=\frac{12}{24}$$

约去相同的因子 12,即有

$$y=\frac{1}{2}$$

如果取 $x=36$,并约去公共因子 12,则有

$$y=\frac{12}{36}=\frac{1}{3}$$

如果取 $x=48$,则有

$$y=\frac{12}{48}=\frac{1}{4}$$

如此等等.因此当我们沿着 x 轴走得越远,y 的值就变得越小,但它永远不会变成零,因为无论我们把 12 分为多少份,每一份总归不可能是零.完全类似地,我们也可在负方向上走一段距离,相应地得到 y 的一系列的值:

$$-\frac{1}{2}, -\frac{1}{3}, -\frac{1}{4}, \cdots$$

它们无限制地趋向于 0 而又永远不会等于 0.因此,图线的另一分支在下方越来越靠近 x 轴,但又永远不会触及 x 轴.

另一方面,如果 $x=\frac{1}{2}$,由于 1 中有两个 $\frac{1}{2}$,所以 12 中就有 12×2,即 24 个 $\frac{1}{2}$,因此

$$y=24$$

同样地,在 12 中有 36 个 $\frac{1}{3}$,48 个 $\frac{1}{4}$,因此

如果 $x=\frac{1}{3}$,则 $y=36$.

如果 $x=\frac{1}{4}$,则 $y=48$ 等.

因此,如果 x 越来越靠近 0,则相应的 y 就越来越大,然而图线却永远不会触及 y 轴,因为只有当 $x=0$ 时,图线才会触及 y 轴.而当 $x=0$ 时就将出现 $y=\frac{12}{0}$,这违背了 0 不能被用来做除数的禁令.

乘法运算可用来验算除法运算得正确与否.例如 20/5＝4 是正确的,因为 $5\times4=20$,因此,我们也就可以用这样的方法来说明 0 不能用作除数的原因.例如,对 5 除以 0 而言,人们会给出些什么样的答案呢?

5/0＝0,验算:$0\times0=0$,这不是 5.或 5/0＝5,验算:$0\times5=0$,这不是 5.或 5/0＝1,验算:$0\times1=0$,这也不是 5.

由于 0 乘上任何数的结果总是 0,所以不能用 0 去除 5.

让我们再深入考虑一下,如果除数越小,则所得之商就越大.因此如要有最大的数,那就将是用最小的数,即用 0 去除之.但这种最大的数是不存在的,因而 0 就不能用作除数.

但是,或许可用 0 来除它自身,我们不妨试探一下,0/0＝1,验算:

$0\times 1=0$,这好像不成问题了. 然而我若说 $0/0=137$,则因 $0\times 137=0$,这仍然是对的. 所以我们在此遇到了另一种麻烦,即除法运算所获之商是不确定的. 因为对于任何一种答案去验算时总是对的. 因此,无论对于哪一种情况(被除数不等于 0 或等于 0),前述 0 不能用作除数的禁令总是有道理的. 有一本妙趣横生的学生读物曾以如下方式来描述这一情况,上帝把 Adam 放在 Eden 公园时曾对他说:"每一个数均可用来作为除数,但 0 不在其中,即不能把 0 用作除数!"

由于 0 不能用作除数是一个严格的禁令,从而人们可能会认为任何时候都不会出现以 0 为除数的情况,然而任何事情总不是那么绝对,因为有的时候 0 会以一种伪装的形式出现. 例如下述表示式就是 0 的一种伪装的形式:

$$(x+2)^2-(x^2+4x+4)$$

虽然此处是由 $(x+2)^2$ 中减去它自身的展开式,但是人们往往不能一眼看出它就是 0,这种用隐蔽的零去做除数的事在那种所谓的关于 $1=2$ 的"证明"中是经常出现的. 在数学中,即使我们只是犯了一个错误,然而只要我们接受了这样一个矛盾于其他命题的命题,我们就能证明任何结论,甚至 $1=2$.

现在还是让我们回忆一下上面所研讨的曲线的形状吧(我将告诉读者,它被称为双曲线)! 这或许会有助于我们记住 0 不能作为除数的禁令. 对于双曲线来说,我们首先会注意到它有两个分支,这两个分支都是光滑和连续地延伸着,但在 0 点的地方,我们却看到了一个可怕的、延伸到无穷的缺口. 左边的分支向下无限延伸,右边的曲线则向上无限延伸. 在它们中间竖立着 y 轴线,它就像一把出鞘的宝剑,"你可任意地靠近我,但千万不要碰到我".

十四　数学是一个整体

正因为我们可用方程的形式来写出函数,所以我们就无须认为函数的公式表示法是唯一可以用来确定函数的方法.例如读者可用简单的规则来表示 x 的函数 y,即当 x 为有理数时,y 的值为 1,而当 x 为无理数时,y 的值为 0(这叫作 Dirichlet 型函数).这一函数的确定性是无可怀疑的.y 的值取决于 x 的选取,每一 x 都对应于一个确定的 y 值.例如,如果 $x=1.5$,则 $y=1$;如果 $x=\sqrt{2}$,则 $y=0$.但要给出这一函数的公式表示法是十分困难的,并且我们也无法用图线来表示出这个函数.这是因为有理数和无理数都是处处稠密地分布着,从而这一函数就将以一种疯狂的速度在 0 与 1 之间跳跃着.

函数概念的核心在于 y 及其相应的 x 的值之间的配对关系.x 未必取所有可能的值,例如,对于由方程 $y=\dfrac{12}{x}$ 所确定的函数来说,x 就不取数值 0,因在 $x=0$ 处,该函数没有定义.所以当我们定义一个函数时,就必须说明 x 的取值范围,而且还应给出一个规则,借以清楚地表明与每个 x 所对应的 y 的值是什么.

如果我们能作出函数的图像,则受益匪浅,因为一个好的图像能比任何详尽的文字描述告诉我们更多的内容.

例如,让我们定义如下的一个函数,即不论 x 取什么样的值,y 都等于它的整数部分.例如:

如果 $x=5.45$,则 $y=5$.

如果 $x=\sqrt{2}$,则 $y=1$.

因为我们知道 $\sqrt{2}=1.4\cdots$.

让我们画出这一函数的图像:

设 $x=0$,则 $y=0$.

设 $x=0.1$,则 $y=0$.

设 $x=0.9999$,则 $y=0$.

可以看出在 x 到达 1 之前,总有 $y=0$,而在这以后,

设 $x=1$,则 $y=1$.

设 $x=1.001$,则 $y=1$.

设 $x=1.99$,则 $y=1$.

因此,在 x 超过 1 而抵达 2 之前,总有 $y=1$,等等.在负方向上的情况也是如此,所以函数的图形就是

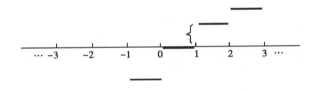

这一图线是由那些互不连接的水平线段所组成的.只要看一下这条图线,我们即可完全了解这一函数,在图线的每个间断处,函数值跃进一个单位;在每个水平线段的变化区间中,函数值则不变.由此可见,对于函数的图像,不仅可有像 $y=\dfrac{12}{x}$ 在 $x=0$ 处那种无穷的缺口,也可以有较为缓和的缺口.另外,这两类函数在不间断的地方都是连续和光滑的.但如 Dirichlet 型函数却是处处不连续的,因为任何区间,不论它是多么小,其中必定既有无理数又有有理数.而由有理数过渡到无理数,或由无理数过渡到有理数时,函数的图像必定出现跳跃.

在此不要产生这样的误解,认为任何能以简单的公式予以表示的函数,只要所取的点足够接近,其图像终将成为没有任何"棱角点"的光滑曲线.例如,我们按如下方式来定义一个函数,即对任一 x,取它的绝对值作为相应于它的 y 值.绝对值的概念是为大家所熟悉的,即不考虑它的代数符号.例如

$$|-3|=3$$
$$|+3|=3$$

并有
$$|0|=0$$
等等.刚才所定义的函数可用如下的简单公式予以表示:
$$y=|x|$$
因此,当 x 依次取值
$$-4,-3,-2,-1,0,1,2,3,4$$
时,其对应的 y 值就分别为
$$4,3,2,1,0,1,2,3,4$$
其图像是这样的.

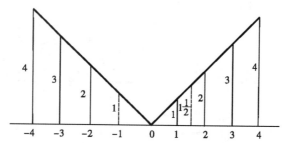

因此这一函数的图像就是两条相倚的直线,而且即使我们选取更多的中间值,也不会改变这种情况.例如:

设 $x=1\frac{1}{2}$,则 $y=\left|1\frac{1}{2}\right|=1\frac{1}{2}$.

这一数值在图中用虚线标出,其对应点仍落在这一直线上.

函数的这种几何表示法,虽然不够精确,但仍然给出了函数的一个十分生动的形象.其所以不够精确,乃因我们的铅笔不可能画得足够细,直尺也并非完全平直,我们的眼睛和耳朵也不是那么完善.但是,几何中对于图形的讨论是不受实际作图限制的.例如,一旦知道了双曲线的几何性质,以及函数 $y=\frac{12}{x}$ 的图像是双曲线,那么我们就几乎完全掌握了这一函数.

但是,几何也经常要求助于别的数学分支.例如当我们要对某些事情的讨论加以系统化的时候,就往往要借助于公式,因为一个公式往往能同时表示出许多不同问题.如在面积和体积的计算中,我们就曾看到过这种情形.数学是一个整体,它并不是孩子们所设想的那样,已被划分为几何与代数这样两个毫无关系的学科.当然,如果教师是这样来安排课程的话,例如星期一和星期五是代数课,星期三是几何课,那么,数学实际上已在此种方式下被划分为两个不同的题材.这就容易使得学生形成如上的错觉.

　　把几何与其他数学分支联系起来的桥梁之一就是坐标系的建立.在关于双曲线的描述中,我们已经遇到过它们了.过原点的互相垂直的两条直线分别叫作 x 轴和 y 轴,这两根轴线给我们一种以数来表示平面上的点的方法.我们可以把这两根轴线想象成两条横跨一片田地的道路.如果我们希望在这片田地的某树丛中找到一只鸟窝的话,我们可按如下方法来标出它的位置.首先用尽可能均匀的步伐,从鸟窝垂直地走向这两条道路中的一条,并数出走到道路上所需的步数.然后,再数出从该点走到道路交叉点所需的步数.

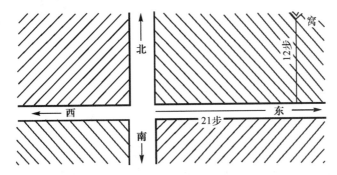

　　现在,如果我们要向某人指明鸟窝的位置,那么只要告诉他,先从两条路的交叉点向东走 21 步,然后再向北走 12 步,他就肯定能找到鸟窝的位置.这样两个具有方向的数就是所要寻找的点的"坐标".在几何学中,经常用符号"＋"和"－"来表示方向,向右和向上为正方向,向左和向下则为负方向.另外,还必须用某一确定的长度来取代步子,并以此为单位来量出点的坐标.因此,平面上的每个点就都对应于一个确定的数组,而每一确定的数组也都对应于平面上一个确定的点.凡沿着 x 轴的方向所走的距离称为点的 x 坐标(通常写在前面),而沿 y 轴的方向所走的距离称为点的 y 坐标.

　　读者在下图中可以看到一些点,它们的坐标都分别写在这些点的下方.适当地做些这方面的练习是有益的.

　　这当然并不是联系点和数的唯一的方法.例如,两条道路也可以不是相互垂直的,但我们仍然可以利用它们来确定点的位置.另外,我

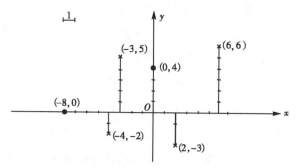

们也可以在一条路上找到并指定一棵树,然后由此直接走向某一棵矮树,再用某种方法去确定矮树在被指定的这棵树的什么方向.

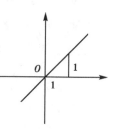

既然我们可以用数组来确定点,那么,借助于数组间的关系,即用方程来确定直线的方法就是现成的了. 例如,试考虑通过原点$(0,0)$和点$(1,1)$的直线(右图):

如果这是一条铁路线,则其倾斜度就是

$$1:1$$

这就是说,每当我们沿水平直线前进 1 码,铁路就将上升 1 码,由于这一斜坡是十分均匀的,故沿水平线前进 2 码时,它也就升高 2 码,前进到 3 码时,它就将升高 3 码,等等.这条直线上的任何一点的特征就是它们的两个坐标总是相等的,亦即在此直线上的每一点都有

$$y=x$$

除了这条直线上的点之外,平面上任何其他的点的坐标都是不相等的.因为把这条直线外的任何点与原点连接而成的直线必定具有不同的倾斜度,甚至可能是向下倾斜的直线.例如,下图第一个图中的直

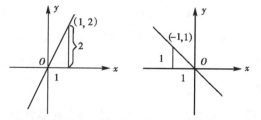

线始终是以 2:1 的速度上升的. 所以这一直线上的任一点的 y 坐标总是 x 坐标的两倍;第二个图中的直线的倾斜度也是 1:1,但它却不是上升而是下降的,在坐标系中我们就应以 1:(-1)来表示它的倾

斜度,从而这条直线上任一点的两个坐标的绝对值虽然是相等的,但具有不同的符号,因此它们实际上是不相等的.

由于除原来那条直线以外的任何点都不可能有相等的坐标,因此,方程

$$y = x$$

就完全刻画了这一直线上的所有的点,它就是这一直线的方程.

同时我们也获得了另外两条直线的方程:

倾斜度为2∶1的直线方程为

$$y = 2x$$

(将来还要再次遇到它,故请读者记住它.)而倾斜度为 1∶(−1)的直线方程为

$$y = -x$$

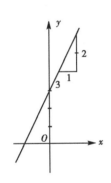

让我们把倾斜度为 2∶1 的那条直线向上提高一点,例如,提高三个单位而又不改变它的方向(如下图).如此,由于此直线上右移一个单位时,直线仍将升高两个单位,所以直线的倾斜度依然为 2∶1,所不同的只在每一点的 y 坐标都增大了 3 个单位.从而原来等于 $2x$ 的 y 变成了 $2x+3$,所以这一位置上的直线的方程就是

$$y = 2x + 3$$

如上所获的一些方程 $y=x, y=2x, y=-x, y=2x+3$ 的一个共同的特点是它们都是二元的线性方程.此处出现两个未知数是不奇怪的,因为任何一个点都是用两个数来表明的,但要强调的是任何位置上的直线的方程都是线性的.反之,也可证明任何二元的线性方程,不论它具有怎样的形式,都可以视为某一确定的直线的方程,所以,线性方程与直线乃是同一概念的两种不同的表述形式.

这是一个很好而又并不十分惊人的结果.我们可在各种位置上去画出直线,由于它们全都是直线,所以就属于同一类.因此,它们的方程自然也就应该是所有方程中的一个完全确定的类.

现在让我们来观察一种曲线:圆.这种曲线是任何人都知道的.例如,让我们来考虑一个有着许多相等的轮辐的车轮.这些轮辐就是这

个圆的半径.

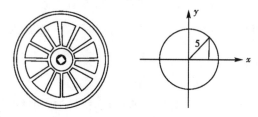

假设圆的半径为 5 个单位,并把圆心作为我们的坐标原点,那么对于圆周上的任何一点,只要作出这一点的半径和坐标,就得到一个直角三角形,其斜边就是该点的半径,而两条直角边就分别是该点的两个坐标.由于我们已经知道直角三角形的直角边与斜边之间的关系,即著名的毕达哥拉斯定理:斜边的平方等于两条直角边的平方和,因此这一圆周上任何一点的两个坐标的平方和必等于 $5^2 = 25$. 亦就是说,我们总有

$$x^2 + y^2 = 25$$

这就是这个圆的方程.

我们直接可以看出,这是一个二次方程,但这并不是最简单的二次方程.让我们看一下如下的最简二次方程

$$y = x^2$$

所对应的是怎样的一条曲线.

如果 $x = -3$,则 $y = (-3)^2 = +9$.

如果 $x = -2$,则 $y = (-2)^2 = 4$.

如果 $x = -1$,则 $y = (-1)^2 = 1$.

如果 $x = 0$,则 $y = 0^2 = 0$.

如果 $x = 1$,则 $y = 1^2 = 1$.

如果 $x = 2$,则 $y = 2^2 = 4$.

如果 $x = 3$,则 $y = 3^2 = 9$.

再让我们在原点附近取一些中间值:

如果 $x = \dfrac{1}{2}$,则 $y = (\dfrac{1}{2})^2 = \dfrac{1}{4}$.

如果 $x = -\dfrac{1}{2}$,则 $y = (-\dfrac{1}{2})^2 = \dfrac{1}{4}$.

现在我们可以画出它的图形了:

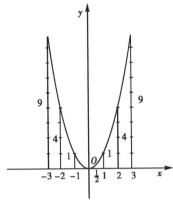

按如上方式光滑地画出的曲线叫作抛物线. 显然, 它的两端都变得越来越陡峭, 越来越像垂直于水平直线的两条直线, 它和圆几乎没有任何相像之处.

过去我们已遇到过方程为二次的曲线, 这就是前面所讨论过的双曲线, 如所知, 双曲线的方程为

$$y = \frac{12}{x}$$

现若将 x 作为乘项移到左侧, 则为

$$x \cdot y = 12$$

在一个二元方程中, $x \cdot y$ 这样的项被认为是二次的, 因为两个未知数的指数和是 2. 如果对此是否应看成是二次项还有所疑虑的话, 则我们只需把双曲线旋转到如下位置.

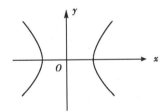

这时, 它的方程就将是

$$x^2 - y^2 = 24$$

而这无疑是一个二次方程了.

我们还应指出, 椭圆的方程也是二次的.

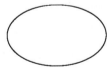

在前所讨论过的曲线中, 再加上椭圆之后, 我们就穷尽了方程为二次的曲线了(此处不考虑那些"蜕化"了的情况). 只要我们能在坐标系中的任何位置画出上述四种曲线, 则我们就得出了与所有二次方程相对应的一类曲线. 这里我们把如此相异的对象视为同一类对象似乎是难于理解的. 因为在这些曲线中, 有的是有限且封闭的, 有的则趋向

无穷,有的只有一个分支,而有的却有两个分支,那么在它们之间究竟有些什么共同之处呢?

其实,当人类最早引进这类曲线时,它们的共同性就已被揭示出来了.这类曲线都被称为"圆锥曲线".

此处我们必须从平面过渡到三维空间中去了,遗憾的是在三维空间中,我们已不能像在平铺着的纸上一样地去作图了.但我们至少可以假想有这样一种颜料,它能使空气带上颜色,然后再设想有这样一个水平的圆盘,且有一条上靠圆盘的中心轴而下靠圆盘周界的直线,如右图所示.

现在再设想某人已在这一直线上从头到尾地涂上了那种神奇的颜料(直线在实际上是没有首尾的,因为直线是可以无限延伸的).

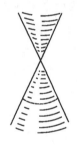

现在让我们用一只手固定地捏住这一直线与圆盘中心轴的交点,另一只手捏住直线与圆盘周界的交点,并将它沿着圆盘的周界转动.这一带有神奇颜料的理想直线就在空中画出了一个曲面,这一曲面是在固定地被捏住的这一点的上方和下方无限地延伸的,这就是所谓圆锥面,如左图.

如果我们用处于不同位置上的平面去截如上这种双叶圆锥曲面,则在截面的边沿上,就会看到上述几种曲线,而其中只有第四个平面才能同时截到上下两个圆锥.

| 圆 | 椭圆 | 抛物线 | 双曲线 |

即使我们没有发现这四种曲线在几何上的这种共同点,仅由它们的方程全为二次这一事实,也能看出它们之间的一些共同特点.这时我们只需考虑关于这种方程在代数中有些什么结论,并研究由这些结论能演绎出些什么结果就可以了.因为任何能够这样演绎出来的命

题,事实上反映了这四种曲线的共同性质.例如,让我们来观察它们与给定直线的相交情况,这里的所谓交点乃是指既在曲线上又在直线上的点,从而这种点的坐标就必须同时满足曲线和直线的方程.但是,直线的方程是线性的,上述四种曲线的方程是二次的.而代数知识告诉我们,一个二元线性方程与一个二元二次方程联立起来,要么没有(实数)解,要么有一个实数解,要么有两个实数解.所以这四种曲线的一个共同特点就是它们与直线的关系必定也只可能是以下三种关系中的一种,这就是要么没有交点,要么相交于一点,要么相交于两点.即使对于双叶的双曲线来说,交点也不可能多于两个.这就是代数对于几何的作用.

关于波形和阴影的附注

在前面的讨论中,我们已经遇到了两个不应轻易放过的几何概念.

其中之一是与确定直线方向的种种不同方法有关系的.我们可以通过比较上升的高度与水平方向所走过的路程来表明直线的方向.就如右图所画的直角三角形而言,我们就应将它的两个直角边加以比较.

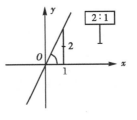

当然,还有其他的可用来精确地确定直线方向的方法.例如,我们可以指明该直线与某一有确定方向的有向直线所构成的角度,通常人们是以 x 轴的正向作为预先确定的方向的,而某一直线与 x 轴的正向构成的角度就叫作该直线的倾斜角.如果该直线是向上倾斜的,它的倾斜角就是锐角;如果它已超过垂直方向而向下倾斜,则其倾斜角就是钝角.由于我们利用直角三角形的两条直角边的比就可

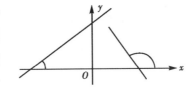

完全确定相应直线的方向,进而也就可以确定它的倾斜角,所以我们也就可用这个比值来作为角的度量.例如,我们可用相应的斜率2:3来表明某个锐角的大小,这就是说,如果从这个角的一边上任一点向另一边作垂线,就会得出这样的一个直角三角形,这个角的对边与邻边之比是 $2:3$ 或 $\frac{2}{3}$.

根据给定的比值 $\frac{2}{3}$,我们能够立即画出这个角来.我们应当向右走 3 个单位,再向上走 2 个单位,即如下图(1)所示,然后,只要把起点和终点连接起来,即可得到我们所要作的角,如下图(2)所示.

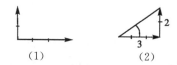

(1)　　　(2)

如果所给的角是钝角,倾斜的情况就不同了.如所知,这时相应的比值应该是负值.例如,当比值为 $-\frac{2}{3}$ 时,我们即知此直线是向前下降而向后上升的,从而我们应向左走 3 个单位,再向上走 2 个单位,这时起点和终点的连线与 x 轴的正向就构成一个钝角(注意倾斜角总是指有向直线和 x 轴的正向所构成的角).如下图(3)这样的钝角当然不可能成为直角三角形的一个部分,但是我们仍然能构造出与它相毗邻的一个直角三角形,其中两条直角边之比是 $\frac{2}{3}$,除掉符号不同以外,这个比依然刻画了我们的钝角.

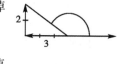

(3)

可以证明,直角三角形中任何两条边的比值都可用来作为角的度量.这些比被称为三角函数,因为这些比值的大小决定了由角的一边转到另一边时所扫过的圆弧的大小.我们刚才所论及的那个三角函数的名称是正切,角的对边与斜边之比叫作正弦,角的邻边与斜边之比则称为余弦.例如在下面的三角形中,带阴影的那个角的正弦是 $\frac{3}{5}$,余弦是 $\frac{4}{5}$.

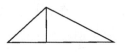

每个三角函数的定义都可扩张到大于锐角的角.各种角所对应的三角函数值已经制成了三角函数表.如果我们知道了直角三角形(其他的三角形总可分割成两个直角三角形)中各边的长度,那么只要去查三角函数表,即可知道它的各个角的大小.

当然,在知道了直角三角形的各条边长时,我们也可直接作出这个三角形,然后再去量出它的各个角的大小.然而,用这样的办法所获之角的度量的精确度远不如借助于三角函数表所求得之角的度量的精确度.所以在此千万不要误认为三角函数表的制作者是通过度量而得到种种三角函数值的.事实上,他们是通过计算而求得这些值的.三角函数的计算方法之一是建立在以下的事实上的.例如下图中的直线正好过原点而平分直角,因此,它的倾斜角的正切就是 1/1,即 $\frac{1}{1}=1$.

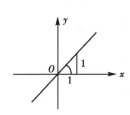

由于直角是圆周角的 1/4,于是圆周角的 1/8 的正切是 1.一旦我们掌握了某些角的三角函数值,我们就可进一步去研究如何计算两个这种角之和的三角函数值,或者如何去求得这种角的两倍或一半大的角的三角函数值.三角学就是从事这种研究的学科.然而,应当指出,三角函数表在事实上是用另外一种方法计算制作的,对此我们将在下文中予以介绍.

三角函数的重要性远远超出了三角学的范围.例如当我们作出相应于由 0 度角直到圆周角的所有正弦函数值的图像时,我们就获得了如下的波形曲线图.

这种波形曲线还可进一步延伸,因为角实际上就是对于一条直线围绕一条定直线所作的旋转的度量.例如,我们可以设想正在慢慢地打开一把日式的扇子:

用这种方法,我们即可获得各种可能的角,而且容易看出围绕着顶点所画出的圆弧也可看成是旋转生成的角的度量,当然弧长与扇子的大小有关,但我们可用单位圆的弧长来作为角的度量(与学校里所使用的度相比,这是更容易被接受的),现在我们设想(但不能再就扇子去设想了,否则要被撕破的)转动的直线转完一圈以后,仍然继续旋

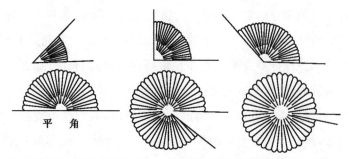

平　角

转下去,例如下面中间的图,图中的粗线部分就被覆盖了两次,显然这时转动的直线与它仅仅转过那个小弧段时所在的方向完全一致,所以对于超过圆周角的种种角来说,它们的三角函数值就将重复出现,即分别等同于由 0 到圆周角之间的各个相应角的三角函数值.

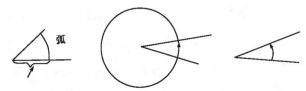

弧

而相应的图像曲线也将以同样的方式起伏着,这种反复与分数展开式中的周期性反复是一样的.正因为如此,我们把正弦函数叫作周期函数.

对于这一波形曲线,物理学家是十分熟悉的,因为这正是用以描述振动物理现象的曲线,而且它在现代物理学中起着十分重要的作用.那些对收音机较感兴趣的人,可能已经看到过如下的经过叠加之后的波形曲线.

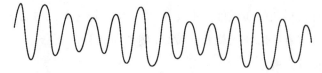

其中较稠密的是所谓的电磁波,其图像如下:

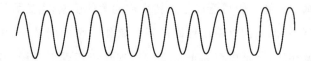

但是声音在其上叠加了另一个较大的波形.

在上述的合成波形中,我们仍然可以看出它所借以叠加而成的两个波形.在通常的情况下,声波的波形曲线决不会这样单纯而有规则,因为并没有那种纯粹单一的声音,而总是有着几种声音在同时振动,而且这些声波之间的差别远比电磁波与声波之间的差别要小,甚至都难以区分,这些声波叠加的结果就会使得波形曲线蜕化.例如可能形成如下那样的曲线,我们常常要依据这种蜕化了的波形曲线去找出那些把它叠加出来的波形曲线.这一问题也可表述如下:任意给定了一条连续曲线,不论它是如何地蜕化,只要它是周期性的,那么我们能否一一找出那些把它叠加出来的波形曲线.

对上述问题的解答是:我们能在所要求的精确度范围内找到所说的那些波形曲线.即这些波形曲线彼此叠加的结果将在所要求的精确度范围内近似地等于预先给定的曲线.这一结论即使对于那种带有许多"棱角点"的曲线来说,例如,就像下面由许多线段构成的折线来说,也是成立的.

当然,这一结论是用函数论的语言去证明的,所以其中所讨论的就不只是波形曲线,而且是这些波形曲线所对应的函数.

这一领域内的开创性工作是由 Lipót Fejér 所完成的.并且正是这一工作的完成使他取得了很高的声誉.

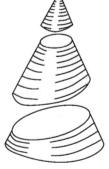

我们所遇到的另一个几何思想是与圆锥的割切有关系的.如右图所示.现在让我们分别用一个水平的平面和一个倾斜的平面去切割一个圆锥.

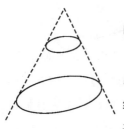

现在让我们分别画出圆锥的顶点和所截得的圆和椭圆，如左图所示．

现把圆锥的顶点设想为一盏向四面八方射出光线的电灯，再把那个圆设想为一个圆形的纸片，由于它挡住了光线，以致光线只能沿着其边缘放射出去而生成圆锥的表面，而那个圆纸片则在位于它下面的那个倾斜着的平面上生成了一个椭圆形的阴影．即如下图所示．

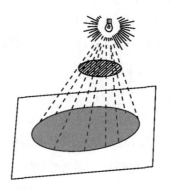

因此，椭圆便可视为圆的影子，亦即它可通过由一点将一个圆向着某个倾斜平面上投影而生成．

运用同样的方式，只要把那个倾斜的平面加以转动，我们就能在其上显出抛物线和双曲线的影子（如果我们要得到双曲线的另一个分支，就要在电灯的上行光线束中放上一个同样的圆形纸片）．由此可见，影子的可变性是很大的．

所谓的射影几何学，就是研究在投影变换下的保持不变的性质的一门学问．这些在投影变换下保持不变的"投影"性质是可以找到的．这就使得我们能在一种十分新颖的观点下，用某种统一而简单的方法去研究圆锥曲线．在此只要对大家所熟悉的圆进行讨论就可以了．它的所有的"投影"性质，都将毫无变化地传递到所有可以由它通过投影而生成的圆锥曲线上去．因此，虽然影子可以延伸再延伸而直至无穷，但它却不能取得完全的自由．

十五 "记下来"元素

　　我曾看过这样一部剧本,它是依据一个被称为"把他记下来! 将军"的可笑的俄国故事改编而成的.其大意是:由于担任记录官的那位将军误解了沙皇在口授任命名单过程中的插话"把他记下来! 将军"的意思,结果在官吏的名单上竟出现了一个"把他记下来将军";又由于至高无上的沙皇未加过目就签署了这一任命,因此谁也不敢说出根本不存在这样一个名叫"把他记下来"的将军;因此,"把他记下来将军"不过是一种错误的产物,实际上根本不存在,然而在他身上却发生了一连串莫名其妙的故事.他被捕、结婚并激起了暴动,总之,他竟对其他人的生活产生了巨大的影响.

　　甚至在数学领域中,也能找到这种实际上不存在而又能起到重要作用的"把他记下来"元素,数学家把它们叫作理想元素.例如,被说成是"平行直线交点"的所谓"无穷远点"就是这样的元素.这种无穷远点的作用就在于它能使我们的讨论变得更为一致.例如,可以证明点和直线彼此处在一种"对偶"关系之中,亦即若将"点"和"直线"这两个词在某些关于点和线的定理中互换位置,则所得定理依然为真.例如,不在同一直线上的三个点决定一个三角形,这显然是真的.

　　其对偶命题就是不通过同一点的三条直线也决定一个三角形.

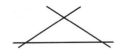

对偶性是很有用的. 我们只要证明了两个对偶命题中的一个, 则另一个就无须再证而知其为真. 这样, 我们说的是一件事, 但它马上变成了两件事.

但就上述十分简单的例子而言, 对偶定理也未必总能成立. 因在这里还须加上这样的补充规定: "假设所说的三条直线彼此都不互相平行." 但在引入无穷远点之后, 这一问题就容易解决了, 这时我们可说定理本身的表述已经排除了三条直线互相平行的可能性, 否则它们就将相交于同一个无穷远点.

除去上述能避免在某些命题前要加上"假设……"这样的作用之外, 这一位于无穷远处的理想点, 还有很多重要的作用. 如果我们把所有具有相同方向的直线, 即把所有在同一方向上彼此平行的直线用同一个位于无穷远处的公共点联系起来; 对于各个不同方向的直线, 则附以不同的无穷远点, 这时我们所创造出来的无穷远点在数量上就和一切可能的方向一样多. 我们甚至可以精确地说出我们正在讨论的是哪一个理想点, 因为我们只要指出这一无穷远点所对应的是哪一个方向就可以了. 而且只要对我们的坐标系稍作变动, 我们甚至可以写出包括所有无穷远点的线的方程, 并且可以证明这一方程与通常的直线方程是一样的. 因此, 我们可以说所有的无穷远点都位于一条无穷远直线上.

迄今为止, 还似乎只是一种空洞的游戏, 因为我们所写出的只是一条不存在的直线的方程, 也许还是根本不要去想象存有这种直线为好. 如所知, 一条直线的两端都是无限延伸的, 但我们只给它附加了一个无穷远点 (只有这样才能保证对偶原则的成立; 而如果附以两个无穷远点的话, 对偶原则就将遭到破坏), 因而直线的两端就好像相逢于无穷远处一样, 于是直线也就变为某种类型的圆了. 虽然我们的直线是向着两个相反的方向无限地延伸的, 此处却在一种魔法之下变成了圆形, 而且它们就像是长在苹果树上的苹果一样, 全都悬挂在无穷远直线的各个点上, 彼此平行的直线悬挂在同一点上:

实际上, 我们不应当把这条无穷远直线画得如此笔直, 然而谁也

不知道我们究竟应该如何去画它.因为无穷远处的一个点是同时位于正东和正西的,而正南与正北却又在另一点处相遇.对于其他方向来说也是同样的情况.我们还是彻底忘记这件事为好,因为它并不属于可想象事物的世界."把他记下来将军"毕竟只是一种虚构.

但是无穷远直线却能给我们带来大量的知识.既然我们已经得到了它的方程式,因而试图去确定它和抛物线等的交点也就不算是一种轻举妄动,因为只要求出这两个方程的公共解就可以了.事实上,这条初看起来显得十分难于想象的无穷远直线,正是我们所希望得到的那个能以促进圆锥曲线类的研究的东西.

任何一个多少从事过圆锥曲线类的研究的人,都会提出这样的问题.在给定了一个二元二次方程以后,怎样才能判定该方程所代表的是哪一类圆锥曲线? 无穷远直线能对此给出明确的答案.当给定的方程与无穷远直线方程没有公共解时,则它一定是椭圆方程;而当有一个公共解时,则它必代表抛物线方程;而若它与无穷远直线有两个公共解时,则该方程所代表的就一定是双曲线.除此而外,就别无其他可能了(注意:圆被视为椭圆的一种最特殊的情况).

现在我们可以较为自由地去遐想了——因为所得结果与我们的想象是相符的.例如,椭圆整个位于有限的区域,因此它与无穷远直线当然不会有公共点;抛物线的两侧是越来越陡峭的,而且越来越像两条互相平行的直线,从而认为它们相交于同一个无穷远点是十分自然的.双曲线的两个分支是沿着两条具有不同方向的渐近直线而延伸的,从而它们将在两个不同的点处达到无穷也是十分自然的.

读者现在也许会同意这样的结论了,即不让实际上不存在的无穷远点发挥作用是不合适的.

现在我们当可鼓足勇气去处理那最后一个未解决的问题,即如下述二次方程

$$x^2 = -9$$

的求解问题了.如果存在一个平方为 -9 的数,则我们将用 $\sqrt{-9}$ 来表示它.但问题在于我们并没有遇到过平方为负数的数,因为无论我们将 $+3$ 或 -3 加以平方,其结果总是 $+9$.我们甚至连 $\sqrt{-1}$ 是什么都无法设想."我不知道",几乎是唯一可能的回答.但是,假设当我在迟疑

不决中慢吞吞地说出那个"I"时（这正是 I don't know 的第一个字母），某个对任何事都十分敏感的人却误认为我所讲的 i 就是这一问题的答案，亦即误认为

$$\sqrt{-1} = i$$

于是他就会十分激动地打断我的话说："现在我知道 $\sqrt{-9}$ 是什么了，它一定是 3i 或 −3i". 他在做出这一结论时并没有错，因若 $\sqrt{-1}=i$，则 i 就是平方等于 −1 的数，即

$$i^2 = -1$$

从而

$$(+3i)^2 = 3i \times 3i = 9i^2 = 9 \times (-1) = -9$$

或

$$(-3i)^2 = (-3i) \times (-3i) = 9i^2 = 9 \times (-1) = -9$$

现在唯一的问题就是 i 事实上是不存在的，它只是一种错误的产物，我们实际上并不知道 $\sqrt{-1}$ 究竟是什么？

但是这一错误的产物既然已经写到了纸上，就让我们对它稍做游戏，就像刚才研究 $\sqrt{-9}$ 是什么时所做的那样. 这一并不存在的元素或许能解决一两个问题.

我们将会看到，它确实能做很多事情. 例如，数学中的一个十分重要的分支，复变函数论，就是以它为基础的. 而如果不使用 i，则就必须特别说明所讨论之函数论是指实变函数论. 一般地说，i 对于任何一个数学分支来说都是有用的，尤其在需要对某种具有深远意义的东西进行表述时就更是如此，即使几何也不例外. 而且对于人们想把一些看上去极不相关的定理统一起来的努力，只有在 i 出现之后才能获得成功.

由于不使用公式的限制，这里就只能大致地对此进行说明了，因为理想元素的存在完全依赖于它的形式.

例如，如果允许使用 i 的话，在一些函数之间就会突然出现之前所未曾想到的联系.

谁能想到三角函数与指数函数之间有着联系呢？

然而可以证明，如果我们用单位圆的弧长来作为顶点在原点处的

角的度量:

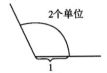

则两个弧度的角的余弦(简写为 cos 2)就可写成

$$\cos 2 = \frac{e^{2i} + e^{-2i}}{2}$$

其中 e 是自然对数的底. 对于任意大小的角来说也有类似的公式成立,诸如:

$$\cos 3 = \frac{e^{3i} + e^{-3i}}{2}$$

$$\cos 4 = \frac{e^{4i} + e^{-4i}}{2}$$

等等.

　　一个角的余弦归根结底地说是两个实数之比,从而是一个真正的实数. 那么,它怎么可能等于右边那个实际上不存在的数呢?

　　上述的可能性只能说明等式右边的数也是一个实数. 实际过程是这样的:当我们去实行右边的运算时,那个来自某个想象世界的 i 突然出现了,但在揭示了其间的真实关系之后,它又重新消失了. 这种情况,当我们在寻找某个事前想好的数时,也是会遇到的. 例如,"先想好一个数,用 3 乘它,再加上 4,把所得结果乘以 2,最后再减去所想好的数的 6 倍." 此时,我们可以耐心地等待我们的朋友去进行这一计算,但我们却可不假思索地说:"其结果是 8!" 实际上,我们可以将所有的运算步骤都写下来. 设所想象的数是 x,用 3 乘之便是 $3x$,再加 4 就是 $3x+4$,对此乘以 2 就是 $2 \times (3x+4)$,最后还要从中减去所想象的数的 6 倍,因此

$$2 \times (3x+4) - 6x$$

就是所要求的结果. 现在用 2 去乘 $3x+4$ 中的各项,就使上式变为 $6x+8-6x$,或适当交换次序而变为 $8+6x-6x$,显然,在 8 之后加上 $6x$ 再减去 $6x$,则剩下的就是 8. 如此,我们所设想的那个数在参加了我们的演算之后又重新消失了.

　　由三角函数与指数函数的关系,我们甚至可以导出没有 i 出现的

关系式,例如,让我们按公式

$$\cos 2 = \frac{e^{2i} + e^{-2i}}{2}$$

去计算 $\cos 2$ 的平方,为了避免出现分数的形式,除数 2 作为乘项移到左边,即

$$2 \times \cos 2 = e^{2i} + e^{-2i}$$

现在让我们对此求平方.首先,等式左边的平方应该是

$$2 \times \cos 2 \times 2 \times \cos 2 = 2 \times 2 \times (\cos 2)^2$$

(在此我们保留 2×2 的形式而不写成 4 是有道理的.)

方程的右边是两项之和,为求其平方,首先必须将第一项求平方,我们记得求一个幂的平方时应把指数相乘,即

$$(e^{2i})^2 = e^{4i}$$

然后还要加上两项之积的两倍.我们记得幂的乘积可以用指数相加的办法来计算,并且 0 次幂必为 1.于是

$$2 \times e^{2i} \times e^{-2i} = 2 \times e^{2i+(-2i)} = 2 \times e^0 = 2 \times 1 = 2$$

最后还要加上第二项的平方,即

$$(e^{-2i})^2 = e^{-4i}$$

因此,方程右边之平方应该是

$$e^{4i} + 2 + e^{-4i}$$

适当交换顺序之后即为

$$e^{4i} + e^{-4i} + 2$$

从而我们得到

$$2 \times 2 \times (\cos 2)^2 = e^{4i} + e^{-4i} + 2$$

现在我们将一个 2 作为除项移到右边去,此时右边各项均要除以 2,但 2 除以 2 是 1,而其他两项之商可用分数形式表示出来,故有

$$2 \times (\cos 2)^2 = \frac{e^{4i} + e^{-4i}}{2} + 1$$

但在前面我们已经见到过

$$\frac{e^{4i} + e^{-4i}}{2}$$

并且知道它就等于 $\cos 4$.因而可用 $\cos 4$ 来取代它.从而有

$$2 \times (\cos 2)^2 = \cos 4 + 1$$

或交换项的顺序(否则,也许有人要误认为我们讨论的是 4＋1 的余弦,即认为是 5 的余弦)而写成

$$2 \times (\cos 2)^2 = 1 + \cos 4$$

最后,再次将左边的 2 作为除项移到右边,则得

$$(\cos 2)^2 = \frac{1 + \cos 4}{2}$$

这正是为大家所熟悉的三角公式之一,而其中根本没有 i 的出现.上述计算过程没有差错,这是值得高兴的,但却没有什么创新.然而,当我们回想起不仅可对两项之和求平方,且可借助于二项式定理去计算两项和的任意多次乘方时,则我们就能一下子得出一大堆三角定理.

希望读者能谅解我做了如此冗长的计算,以致一下子要回想起如此之多的不同的规则.但这是不可避免的,为了加深理解,读者还应当亲自去实践一下,看看在给计算过程注入新的生命力之后,这个 i 又是如何从中消失掉的.

然而我们将会看到,这还不是 i 的最重要的作用.

由于 i 正是为了对二次方程不可求解的情况进行讨论,亦即讨论如何对负数开平方而引进的,因此它理应能为所讨论的情况提供解答.的确,我们所获结果不过是一种"想象"的结果,但从上面的讨论中,读者也许会感到,我们不应轻易地把这种想象的结果抛弃掉.例如,方程

$$(x-2)^2 = -9$$

的解是

$$x - 2 = \sqrt{-9}$$

并且 $\sqrt{-9} = 3i$ 或 $\sqrt{-9} = -3i$. 现在让我们把左边的减项 2 作为加项移到右边,我们就得到了两个"根"(方程的解之所以被称为根,乃因我们常常是在求根法计算之后才获得的缘故):

$$x = 2 + 3i$$

或
$$x = 2 - 3i$$

这些数是由一个实部和一个想象的虚部所组成的."真实世界"和"想象世界"的这种奇妙的混合被称为复数.尽管它们相加时由于 3i 和 $-3i$ 相互抵消,而使其和为实数,又容易验证它们的乘积也是实数,

但这种复数初看起来还是很不习惯的.

在复数中包含着普通的实数和纯粹想象的数,例如 $5+0i=5$ 就是实数,而 $0+2i$ 则为纯粹想象的数.

如果我们进一步希望求取负数的四次方根、六次方根或八次方根,则会遇到与求负数的平方根时所遇到的同样的困难.因为,在把一正数或负数做任何偶数次乘方时,所得结果总是正的.例如,-16 的四次方根就既不是正的也不是负的,因为

$$(+2)^4=2\times2\times2\times2=16$$

并且

$$(-2)^4=(-2)\times(-2)\times(-2)\times(-2)=(+4)\times(+4)$$

这也是 $+16$.此时我们可能会考虑,现在是否又要引进新的理想元素了.可以证明没有这个必要.因为借助于已有的数就足以进行所有这些运算了.此外,还可证明在复数范围内任何方程都是可解的.这一事实被称为代数基本定理,这一定理的结论并不和阿贝尔关于求解五次方程时必然会遇到困难的结论相矛盾,因为基本定理只是一种"纯粹存在性"的证明,它并没有给出借助于基本运算和开平方去求解方程的方法.

开平方的结果通常有两个值,一个正的,一个负的.因此在复数范围内,二次方程通常有两个根.但也有例外的情形,例如方程

$$(x-3)^2=0$$

就只有一个解,因为平方为 0 的数只有 0 自己.所以

$$x-3=0$$

即

$$x=3$$

就是方程唯一的解.上述方程的展开式就是

$$x^2-6x+9=0$$

我们能够找出和它越来越靠近的方程,也即找出系数与上述的 6 和 9 的误差越来越小的方程.这些方程都有两个根,但当它们越来越靠近上述方程时,它们的两个根也会越来越靠近,正因为如此,当这些方程变得与方程

$$x^2-6x+9=0$$

完全相同时,我们有时就说它的两个根"重合"起来了.

四次方程有几个根？即使不用 i,我们也能求解方程

$$x^4 = 1$$

由于 +1 和 —1 的四次方都是 +1,我们可能会认为上述方程有两个根,即 +1 和 —1.但这时 i 会插进来说:"不,这是违反常规的,这是一个四次方程,它应当有四个根,其中就包括 i."i 确实是它的根,而且 —i 也是它的根.因为

$$i^4 = \underbrace{i \times i}\times \underbrace{i \times i} = i^2 \times i^2 = (-1) \times (-1) = +1$$

$$(-i)^4 = \underbrace{(-i) \times (-i)} \times \underbrace{(-i) \times (-i)}$$

$$= i^2 \times i^2 = (-1) \times (-1) = +1$$

由此 i 就使得所有的方程的根变得非常整齐.可以证明,在复数的范围内,除非有重根出现,方程的根的个数与其指数的值是相等的.

这就是 i 对于代数的作用.

然而 i 的最大的作用还在函数论方面.

为使读者能对此有一初步的了解,我们必须对复数的几何表示法做出说明.

让我们把 i 视为一个新的单位,并将 i 的任何倍数在一条新的直线上表示出来.由于 $0 \times i = 0$,因此新直线的零点与实数直线的零点是相重合的.从而新旧两条直线就可被视为与坐标系相类似的情况.

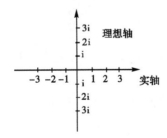

由此可以看出,对于由实部和虚部所组成的复数可用平面上的点来表示.每个点的 x 坐标等于实部,而 y 坐标则等于虚部,在下图中即可看到某些复数和图像,因此复数就不是分布在一条直线上,而是布满了整个平面.

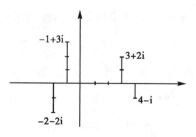

复数的绝对值表示它与零点的距离,这一距离可大可小,而与零点有等距离的点却有很多,它们都位于以零点为圆心的一个圆周上.

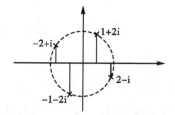

我们没有任何理由认为这些数中某个数比其他的数小,因此,对于复数来说,"小于"和"大于"的概念是不存在的.

然而易见,只要把复数看成是普通的数,并把 i 视为一未知数,对此我们仅知道只要出现了 i^2 就可用 -1 去取代它,如此所有那些老的运算规则都仍然保持不变.

现在让我们回到前面已获得的一些结果中去,我们曾在巧克力糖一例中获得了如下展开式:

$$1\frac{1}{9}=1+\frac{1}{10}+\frac{1}{100}+\frac{1}{1\,000}+\cdots$$

其中右边的每一个数都是它前面一数的 $\frac{1}{10}$,因此,$\frac{1}{10}$ 就是这个几何级数的"公比". 现在让我们按如下方式对 $1\frac{1}{9}$ 进行变形,以使其中出现 $\frac{1}{10}$,即

$$1=\frac{9}{9},\ 1\frac{1}{9}=\frac{10}{9}$$

我们已经做过大量的约分,即知道可用同一个数来同除分子和分母,此处让我们以 10 来同除分子分母,尽管在分母中,这一除法只能以分数的形式表示,但也无妨,因此有

$$1\frac{1}{9} = \frac{1}{\frac{9}{10}}$$

这种做法是有用的,因为 $\frac{9}{10}$ 可十分容易地借助于 $\frac{1}{10}$ 得到表述. 1 是由

10 个 $\frac{1}{10}$ 合成的,如果从中取走一个 $\frac{1}{10}$,所剩下的就是 $\frac{9}{10}$,因此

$$\frac{9}{10} = 1 - \frac{1}{10}$$

于是我们得到

$$1\frac{1}{9} = \frac{1}{1 - \frac{1}{10}}$$

如果我们以此取代上面展开式中的 $1\frac{1}{9}$,则得到

$$\frac{1}{1 - \frac{1}{10}} = 1 + \frac{1}{10} + \frac{1}{100} + \frac{1}{1\,000} + \cdots$$

我们可把这一结果的形式进行推广,即当几何级数的公比不是 $\frac{1}{10}$,而

是诸如 $\frac{2}{3}$ 时,那么该级数的一般项将依次是:

$$1, 1 \times \frac{2}{3} = \frac{2}{3}, \frac{2}{3} \times \frac{2}{3} = \frac{4}{9}, \frac{4}{9} \times \frac{2}{3} = \frac{8}{27}$$

等等,且可证明:

$$\frac{1}{1 - \frac{2}{3}} = 1 + \frac{2}{3} + \frac{4}{9} + \frac{8}{27} + \cdots$$

但这里我们必须十分小心,因为我们已经知道,并不是任何几何级数都是可以求和的. 例如公比为 1 或 -1 的几何级数,或者项的绝对值越变越大的几何级数就是无法求和的. 可以证明,如果公比与 0 的距离比 1 小,则此级数是收敛的,且其和可用类似于如上公比为 $\frac{1}{10}$ 或 $\frac{2}{3}$ 的公式来表示. 从而相应的几何级数是可求和的公比就都位于数轴的 -1 和 +1 之间:

我们把位于 -1 和 $+1$ 之间的任何一个数记为 x，虽然我们并不具体知道它是什么数，却仍能说出以它为公比的几何级数的项依次为

$$1,1\times x=x,x\times x=x^2,x^2\times x=x\times x\times x=x^3$$
$$x^3\times x=x\times x\times x\times x=x^4,\cdots$$

并且这一级数的和可表示为

$$\frac{1}{1-x}=1+x+x^2+x^3+x^4+\cdots$$

无论 x 是什么数，只要它确实位于 -1 与 $+1$ 之间，则上述结论总是对的.

$\frac{1}{1-x}$ 的值当然依赖于 x 的值，因而它是 x 的函数.通常我们把上述展开式称为这一函数的幂级数展开式，或者说已把这一函数展开成仅由依次增长的 x 的幂所组成的无穷级数.这一无穷级数的越来越长的部分和就是 $\frac{1}{1-x}$ 的值的越来越好的近似值.首先，作为它的一个相当粗糙的近似值，我们可用 1 来代替 $\frac{1}{1-x}$，而 $1+x$ 就是一个较好一点的近似值，$1+x+x^2$ 则更好等等.在此自然会产生这样的问题，即我们是否总可将一个函数展开成为幂级数（当然不只是指上述那种幂级数，而是在 x 的各次幂之前乘上一个适当的系数）？这是函数论中的一个基本问题.函数 $\frac{1}{1-x}$ 事实上是十分简单的.我们可以十分简单地计算出它的值.但我们也能把像指数函数那样复杂的函数展开成幂级数，而且可以证明，当底为 $e=2.71\cdots$ 时，指数函数的幂级数展开式是最简单的，这时，无论 x 是什么数，我们总有

$$e^x=1+x+\frac{1}{2!}x^2+\frac{1}{3!}x^3+\frac{1}{4!}x^4+\cdots$$

其中读者也许还记得：

$$2!=1\times2,3!=1\times2\times3,4!=1\times2\times3\times4$$

等等.

对于任一确定的 x 的值，上式对于 e^x 的值的计算是很有用的.由于 e 是一个无理的无限小数，要计算 e 的各次乘方就不是那么有趣的；但是，如果 x 很小，则 $1+x$ 就是 e^x 的一个很好的近似值，而 $1+x$

的计算则完全是一种儿童的游戏. 如果我们希望达到更高的精确度,我们就可取较长的部分和,此时我们就必须计算给定数的某些幂. 例如当 $x = \dfrac{3}{10}$ 时,则要计算它的平方、三次方、四次方等. 然而这些计算总是要比去计算无理数 $(2.71\cdots)^3$ 的十次方根简单得多,而这正是计算 $(2.71\cdots)^{\frac{3}{10}}$ 时所必须要做的.

十分幸运的是这一展开式对于任何 x 值都是成立的.

三角函数和对数函数也可展开成幂级数. 现在通行的三角函数表和对数函数表就是在这一基础上作出来的.

但是这些级数却并不是对任何 x 值都是收敛的,因此我们就必须十分小心,不要在根本不存在逼近可能的情况下,用所谓近似值去取代某个东西,从而也就会有这样的问题;对于给定的函数来说,如何去确定该函数究竟对哪些 x 的值能够展开成幂级数?

让我们回想一下几何级数的情况. 我们说过,展开式

$$\frac{1}{1-x} = 1 + x + x^2 + x^3 + x^4 + \cdots$$

在 -1 和 $+1$ 之间是收敛的.

我们能否从 $\dfrac{1}{1-x}$ 直接看出 1 就是这种有效性的界线呢(-1 是在 0 的另一侧具有与 1 与 0 之间相等距离的地方)?

当您看到如下结果时,将会大吃一惊的,即当您用 1 去取代 x 的时候,将会出现什么情况呢?

$$\frac{1}{1-1} = \frac{1}{0}$$

即使我们把它写下来也是很勉强的,因为 0 不得作为除数乃是我们永远不能忘记的禁令. 从而即使不去考查这一级数,函数本身就已表明 1 是有效性的界线了.

然而函数是否总是按照这种明确的方式来给出所能达到的极限呢?

如果我们仅对实数进行讨论,上述结论并不成立. 这一事实对许多函数的研究造成了巨大的困难. 但正在这个时候,i 出现了,而且整

个问题就是由于 i 的引进而一劳永逸地得到了澄清.

让我们举一例说明之.

任何一个对公式稍有经验的人,都可由上面的几何级数直接看出函数 $\dfrac{1}{1+x^2}$ 可展开成为如下的幂级数:

$$\frac{1}{1+x^2}=1-x^2+x^4-x^6+\cdots$$

并且这一级数当且仅当 x 位于 -1 与 $+1$ 之间时才是收敛的.

这一函数能否揭示出关于它的展开式保持有效性的极限在何处的秘密呢?

让我们用 1 来取代 x,则

$$\frac{1}{1+1^2}=\frac{1}{1+1}=\frac{1}{2}$$

这时没有什么问题. 问题也许在另一个极限点处,让我们用 -1 来取代 x,

$$\frac{1}{1+(-1)^2}=\frac{1}{1+1}=\frac{1}{2}$$

这也没有什么问题. 我们真有点不知所措了.

此时 i 出来帮忙了,它说:"为何不用我来代替 x 呢?"让我们来试一下,则

$$\frac{1}{1+i^2}=\frac{1}{1+(-1)}=\frac{1}{0}$$

停止! 这里在用 0 作除数了. 如果我们想到复平面的话,就可立即看出,i 与 O 点的距离是一个单位,而函数在这样一个点上遇到困难的事实,表明我们不能超出与 O 点距离为一个单位的范围.

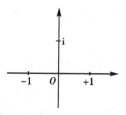

因此,我们不仅要对实数点,而且要对复数点去对函数值进行检

查. 一般地说, 如果一个函数在某一点处遇到了困难, 则在任何一个与 O 点的距离大于该点与 O 点的距离的点处, 这一函数就不可能展开成为幂级数. 因此, 我们就要在复平面上去找出与原点距离最小的难点. 此时以 O 点为圆心, 而以这一难点到 O 点的距离为半径作一圆, 这个圆的内部就是这个函数能以展开成幂级数的范围. 用这样的方法, 我们就得到了一个圆, 在这个圆的内部, 级数是收敛的, 在这个圆周上的某些点处, 级数也可能是收敛的, 但在这个圆的外部, 级数就一定是发散的. 这个圆总要在实轴上截下一个以原点为中心的区间, 就如图中的粗线部分那样.

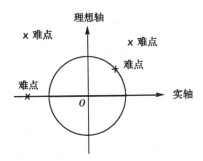

因此 i 又一次出现了, 而且在使一切事情走上正轨以后, 它又悄悄地隐退了. 此时我们就可以局限于由它所已经确定了的实数区间内讨论问题. 然而此时那些已经对它着迷的数学家, 却再也不愿意让它逃走了. 既然它能起到如此之大的作用, 人们再也不能把它看成是根本不存在的理想物了. 人们应当对复变函数认真地进行研究, 发现这个"从虚无中产生出来的世界"要比真实世界更有秩序.

十六 作坊里的秘密

当我们从面临杰作而引起的激情中平静下来之后,自然会冷静地去考虑一些较为实际的问题,例如希望弄明白这一杰作是如何创作的,其基本素材是什么? 作者的具体创作过程又是怎样的? 总之,就是希望了解作坊里的实际工作情况.

让我们再访理想世界,看看我们能否发现数学家的作坊里的某些秘密.这里我是十分希望能使读者避免那些烦琐的数学推导,但却难以完全实现这一愿望.例如,促使我执笔写此书的作家对微商概念的兴趣甚浓,但微商却是一个数学技巧较强的概念,如果不借助于烦琐的数学推导,则确实难以弄清.固然微商概念不如我们刚才所接触的题材那样有吸引力,但却有它特殊的重要性.因此我们就不得不忍受这种烦琐的数学推导.实际上,任何杰作都伴有大量的、琐碎的细节.

当我们刚开始接触函数概念时,我就曾指出它是整个数学的基础,同时又曾强调指出,它所对应的图线能给我们一个生动的函数形象.固然图像在本质上是不完备的,因为我们的图像是用小直线段构造出来的,虽然可用越来越小的线段促使图线变得越来越光滑,但实际上在细分有限步之后,这一过程就无法继续下去了,因为用铅笔所连成的图线,看上去就已经是一条光滑的曲线了.例如,一个正 16 边形就很难与圆相区分.可见如此所获之图线就不能不是相当粗糙的,人们也就难以相信,从这种图像中能导出有关函数的严格结论.我们需要一种能够反映出微小变化的更为精确的工具,一种能够按照任意精确度的要求去反映函数性态的工具,微商正是这样一种工具.

让我们仍从图像的分析着手来讨论.

当我们试图作出抛物线的图形时,曾说它的两侧越来越陡峭,但我们如何能去论及光滑曲线的方向呢? 对于直线的方向,我们是知道它的确切意义的.因为我们可以通过其上的任意一点去检验它的升降情况;且可确信,直线的方向一经确定,它就不能再偏离这一方向.但曲线之所以叫作曲线,正是因为它的方向是不断改变的.

如果我们仅仅抓住曲线上某一点的话,则也许可以问问"它在这一点处的方向是什么?"但是曲线是光滑的,从而它将随着我们的手而滑动,以致难于给出确切的回答.然而我们仍然感到,即使在这种点处,曲线还是具有某种确定的方向,因而关于抛物线两侧的陡峭程度的讨论并非毫无意义.

让我们返回到图线上并非如此光滑的情形中去,并在其上选取一个确定的点,如下图.

由于所标明的点是一个"棱角点",因而图线在此点不具有确定的方向,因为,在这一点之前,它的方向是这样的:

但在这一点之后,其方向却是

所以在此点处,图线就有一个方向的改变.

让我们进一步考虑添加了几个中间值以后的情形:

此时的"棱角点",就不那么明显了,即在所说的点处,相遇的两线段的方向的区别就不那么明显了.

我们已经难于继续进行我们的作图手续了,也即无法继续使用更多的中间点的方法来反映图线的变化.然而每个人都仍然可以想象出所说的"棱角点"将变得越来越平直,亦即在该点之前和以后的两个方向之间的区别将会变得越来越小.因而曲线在该点的方向就应当理解为当"棱角点"的角越来越平直时,这样两个差别越来越小的方向所趋近的公共方向.

如果这两个方向最后的确趋近于同一个公共方向,则就只要从一个方向上去讨论问题了.

例如,让我们选取"棱角点"右边的线段,我们把它画得长一点,以便能较为清楚地辨明它的方向.

如此我们就依次得出曲线的通过该点的一系列不同的割线.

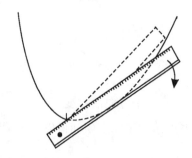

如果继续插入更多的点,并使割线与曲线的另一个交点越来越靠近该点,割线位于曲线内部的线段将越来越短.如果我们用一根直尺

去代替割线,并使其一端固定在该已知点上而使直尺绕着它转动,我们就能清楚地观察到这时所发生的种种情况,如下图.

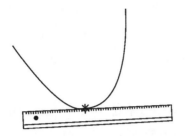

当该已知点与相邻的点正好重合时,亦即当直尺正好处在将开始完全离开曲线的位置时,割线就变成了切线,我们感到在这一刹那我

们所抓住的正是棱角的右半部分所趋近的方向.如果我们用一根正好处在这一方向上的直尺从曲线的外部来逼近这一曲线的话,则直尺就将正好在该已知点处触及该曲线;而且,在直尺触及曲线的一瞬间,直尺的边缘就与曲线在该点的切线黏合在一起了.此时它们应当具有相同的方向,而幸运的是我们无须依靠它们互相黏附着的一小段来决定它们的方向,因为直线的方向任何时候都是保持不变的,因而它在这一刹那的方向也是一样的.

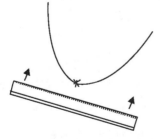

现在我们已经知道应该如何去理解曲线在某一点处的方向了.这方向就是曲线在该点处的切线所在的方向.这可用我们借以表示直线倾斜程度的比值来刻画,这就是微商.

实际上,我们在以纯粹代数的方法去证明圆锥曲线和直线曲线的公共点或为 1 个,或为 2 个,或为 0 个时,就已遇见过切线的概念了.

而且我们知道当直线和圆锥曲线只有一个公共点时,则此直线必与圆锥曲线相切.① 这一结论对于圆锥曲线来说是正确的,但在一般情况下,直线与曲线只有一个公共点并不是相切的本质特性.例如,对于如下这种带有"棱角点"的曲线来说,过该点的直线即使只和曲线有一个公共点,也不能看成是曲线的切线,因为这一直线显然不能用来表示曲线在该点的方向.

事实上,曲线在该点没有确定的方向,而图中的那条直线甚至都不能表示曲线在该点左侧或右侧的方向.

另一方面,如下的直线虽与曲线有两个公共点,但却仍应把这一直线视为曲线在左边那一点处的切线,因在该点处直线与曲线吻合得很好.

人们可能认为切线的本质特性是与曲线相黏附,而割线的特点则是与曲线相交,这一想法是不正确的.例如下图中的那条直线就正是在与曲线相吻合的同时与曲线相交,而且这一直线无论是在上方或下方均与曲线吻合得很好,从而就没有任何理由认为该直线不是曲线在该点的切线.

曲线在某一点处的切线的唯一本质特性,乃在于曲线上过该点的那些割线在绕该点的转动过程中刚要离开曲线的一刹那所达到的位置,位于此位置上的直线就是切线,否则就不是切线.刚才所说的最后两种情况正是这样的两种情况,读者不妨用绕曲线上某定点而转动的直尺来亲自检验一下.

因此,如果我们希望确定曲线在某点处的切线方向的话,就不能

① 在这里必须包括无穷远交点在内,否则对于抛物线将有例外情形——译者注.

不去从事有关越来越趋近这一切线的割线的烦琐的计算工作.

　　当然,我们不能把直尺绕定点转动的方法视为精确有效的方法.因此,如果我们希望严格地建立有关确定曲线方向的方法,则就不能依赖于直尺的转动而获得.确定曲线方向的精确方法只能来自计算.①

　　让我们以实例的讨论开始.例如,让我们来描述由如下方程

$$y = x^2$$

所确定的曲线的性态.我们已知该曲线的图像是抛物线,现让我们精确地去确定它在 x 坐标为 1 的点处的切线方向.

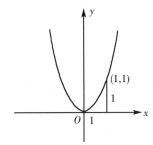

　　显然,该点的 y 坐标是

$$y = 1^2 = 1$$

因此,$y = x^2$ 所代表的抛物线是过点(1,1)的,而我们就是要确定该抛物线在点(1,1)处的切线的方向.对于这一抛物线的图像,我们已是很熟悉的了,也已经知道应该如何去做.首先在曲线上选取越来越靠近(1,1)的点,并分别作出连接点(1,1)与这些点的割线,然后再分别确定这些割线的方向.这里我们也可采用前面所说的用以表示铁路倾斜度的比值的形式来表示割线的方向,最后再找出当这些割线刚要离开曲线时所确定的方向.

　　我们将按如下方法来选取曲线上与(1,1)相毗邻的点:首先,我们由点(1,1)向右移一个单位,即找出曲线上横坐标为(1+1)的点,再由点(1,1)向右移 1/10 个单位,再由点(1,1)向右移 1/100、1/1 000 个单位,等等.如此所选取的这些点的 x 坐标就依次为

$$2, 1.1, 1.01, 1.001, \cdots$$

---

① 那些对于微积分演算不感兴趣,并已对前面的细节感到厌烦的人,可以跳过本章余下的内容和下一章的内容.

当然,我们还要计算出所选这些点的 y 坐标,这是容易做到的,只要加以平方即可,2^2 等于 4,并且只要我们还记得 Pascal 三角形(注意在其中插入小数点和 0,这在前面已经遇到过了),则可知

$$1.1^2 = 1.21, \quad 1.01^2 = 1.020\,1, \quad 1.001^2 = 1.002\,001, \cdots$$

为能顺利地进行下文中更为重要的讨论,在此还应指出一点,即我们已经十分熟悉约分,也即已懂得如何用一个数来同除一个分数的分子和分母.例如可用 2 去对下面的分数进行约分而得

$$\frac{6}{8} = \frac{3}{4}$$

把这一等式转过来便是

$$\frac{3}{4} = \frac{6}{8}$$

这表明我们也可用 2 或任何别的数来同乘一个分数的分子和分母,此时的分数在形式上可能变得复杂些,但在分数的分母或分子中出现小数时,如上的做法将是十分有用的.例如,当我们碰上如下形式的那种讨厌的除法时:

$$\frac{0.21}{0.1}$$

由于我们知道用 10 去乘一个小数时,只要把小数点向右移动一位,并且当整数前面只出现 0 时可把 0 略去不写,如此,当我们用 10 去同乘上面这一分数的分子和分母时,则将有

$$\frac{0.21}{0.1} = \frac{2.1}{1} = 2.1$$

同样地,当我们用 100 去同乘分子和分母时,则

$$\frac{0.0201}{0.01}$$

将变形为

$$\frac{0.0201}{0.01} = \frac{2.01}{1} = 2.01$$

到此已准备就绪,所选的第一个毗邻点的 y 坐标是 $2^2 = 4$,让我们作出通过点 $(1,1)$ 和 $(2,4)$ 的第一条割线,并且求出这一割线的方向.

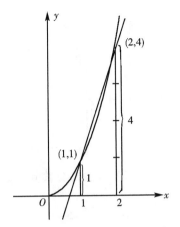

由于我们的点(1,1)向右移动了一个单位,所以两个点的 x 坐标之差是 1.另外,我们此时由点(1,1)向上移动了三个单位,而这正是两个点 y 坐标之间的差值,对此可以从下图的粗线部分看出.

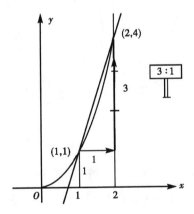

因此,第一条割线的斜率就是 3∶1,即

$$\frac{3}{1}=3=2+1$$

(此处我们之所以把它写成 2+1 的形式是有道理的.)

现在让我们来看第二个毗邻的点,此时 $x=1.1$,而 $y=1.1^2=1.21$,因此所论之点是(1.1,1.21).当我们作出过(1,1)和(1.1,1.21)之割线(上升部分仍用粗线表示)时,图像上的某些部分已经十分细小,以致难于分辨了.

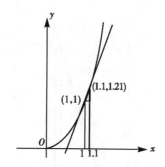

如此,我们不得不把图形的有关部分移到放大镜下去观察了.

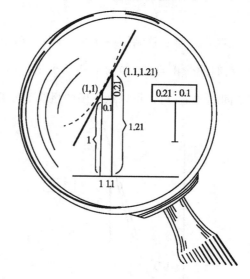

我们右移了多少距离? 0.1 个单位,这正是两点的 x 坐标之间的差.第二点的 y 坐标超出已知点的 y 坐标的值又是多少? 这应当是两点的 y 坐标之间的差,即

$$1.21 - 1 = 0.21$$

个单位.从而第二条割线的斜率就是

$$0.21 : 0.1$$

亦即

$$\frac{0.21}{0.1}$$

而这也就是

$$2.1 = 2 + \frac{1}{10}$$

如果我们将求作割线的过程继续进行到 x 坐标为 $x = 1.01$,而 y

坐标为 $y=1.01^2=1.020\ 1$ 的毗邻点时,则我们就需要采用倍数更大的放大镜了.但我们也许根本不用再去作图了,因为连接这两点的割线的倾斜度,无非是用两点的 y 坐标之差除以 x 坐标之差.两点间 y 坐标之差是

$$1.020\ 1-1=0.020\ 1$$

而两点间 x 坐标之差为

$$1.01-1=0.01$$

于是第三条割线之斜率为

$$0.020\ 1 : 0.01$$

即

$$\frac{0.020\ 1}{0.01}$$

如所知,这等同于

$$2.01=2+\frac{1}{100}$$

完全类似地,对于那些沿着曲线越来越靠近点 $(1,1)$ 的点而言,我们都可一一地计算出它们与已知点的 y 坐标之差和 x 坐标之差的比值(简称为"差商"),依次为

$$2+1,2+\frac{1}{10},2+\frac{1}{100},2+\frac{1}{1\ 000},\cdots$$

如所知,序列

$$1,\frac{1}{10},\frac{1}{100},\frac{1}{1\ 000},\cdots$$

在前述巧克力糖一例的精确意义下是收敛于 0 的.从而上述一系列割线斜率所越来越趋近的数就恰好为

$$2$$

这是百分之百精确的.当割线绕着点 $(1,1)$ 转动而刚要离开曲线的一刹那,割线就变成了切线.因此,抛物线在点 $(1,1)$ 处的切线的斜率就是 2,亦即 $\frac{2}{1}$.如此即可作出这一切线如下:

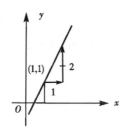

如果我们借助于一系列中间值而作出点(1,1)附近的一段抛物线,即可看到这一直线与抛物线的确是相黏附着的.

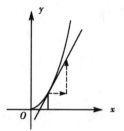

由此可见,在作图的同时,作为一种副产品,我们获得了一种用以计算切线方向的精确方法.即我们必须在曲线上一已知点附近选取另一个点,然后用这个点的 y 坐标的差除以它们的 x 坐标的差,再找出当这邻近的点趋于已知点时所获得的比值所趋近的数.

这种差的比值称为差商,而差商所趋向的那个确定的值称为微商或微分系数.从而求微商就是用以确定光滑曲线的切线方向和了解整个曲线性态的一种精确方法.

上述方法对于曲线上任何一点都是适用的,而又只要曲线是光滑的,则它在其上的每一点都有确定的方向.我们感到抛物线在点(2,4)处更为陡峭,如果就 x 坐标分别为

$$x=2+1,\ 2.1,\ 2.01,\ 2.001,\ \cdots$$

的点来计算相应的微商,则我们将先分别得出:

$$4+1, 4+\frac{1}{10}, 4+\frac{1}{100}, \cdots$$

而 4 就是这些数所趋向的那个数.故抛物线在点(2,4)处的切线斜率就是 $4=\dfrac{4}{1}$,显然,它大于抛物线在点(1,1)处的斜率,因为后者是 $2=\dfrac{2}{1}$.

用同样的方法,可以证明抛物线上 $x=3$ 的点处的切线斜率为 6,$x=4$ 的点处的切线斜率为 8.一般说来,抛物线上任一点处的斜率就等于该点 x 坐标的两倍.这一结论可表述为:对于任意的 x 来说,函数

$$y=x^2$$

的微分系数是

$$2x$$

如此我们就可掌握整个抛物线的性态.

先让我们来观察一个较为明显的事实.由函数的方程可看出,曲线通过原点,因为当 $x=0$ 时,$y=x^2=0^2=0$.至于曲线的其他性状可由其微分系数来提供.

例如,设 x 是一个负数,则其两倍也是负数,因而曲线的斜率就是负数,这也就是说在这些点处,切线在与曲线相吻合时是向后倾斜的;另一方面,如果 x 是正数,则其两倍也是正数,从而在这样的点处,曲线的方向就是上升的.再设 $x=0$,则 $2x$ 也是 0,故在 0 点处,曲线的切线斜率就是 0.当然,其值为 0 的斜率实际上是不能称为斜率的,因为此时直线是水平的,在这里,就是 x 轴本身.此外,当 x 的绝对值增大时,它的两倍的绝对值也将越来越大,因而切线斜率的绝对值也将越来越大.

综上所说,我们就获得了下述有关抛物线的知识.在原点的左侧,切线是向后倾斜的.在原点处,切线是水平的,并与 x 轴重合在一起;而由原点向右,则曲线开始上升,从而曲线的最低点就是原点,而当我们离开原点向左或向右走得越远,曲线的两侧就变得越来越陡峭.当然,对于抛物线来说,所述的这些性状是我们早已掌握的了,但对其他不大熟悉的函数来说,微分系数就将为我们提供所有这些信息.

关于微分系数的知识也能使我们对已有的有关抛物线的知识变得更为精确.当我们首次构作函数的图像时,我们曾看到乘积函数 $2x$ 的图像是一条直线(这也是可以预料的,因为它是线性函数).从而这一函数就以一种均匀速度增长,而由此则可推知抛物线两侧的倾斜程度既不是任意地,也不是以一种很大的速度在变动,而是逐渐逐渐地变动着的.

抛物线可以从下面的正常位置[图(a)]转移到其他位置上去,例如转移到如下图(b)、(c)所示的位置:

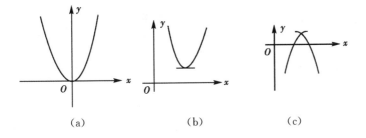

(a)　　　　　　　(b)　　　　　　　(c)

此时就有如何确定曲线的最低点或最高点的问题,利用微分系数的知识就能立即解决这类问题.因为抛物线在这种点处的切线将是水平的.

有关这种最高点或最低点的研究,用函数论的语言来说,就是关于函数的极大值与极小值的研究,有着很大的实用价值.

例如,如果我们希望用一块正方形的材料,通过在其四个角上截去四个大小相同的小正方形,再将剩余的部分折叠起来做成一个匣子,此处就有这样的问题,我们应当截去多大面积的四个小正方形,才能使得做出来的匣子的体积最大.

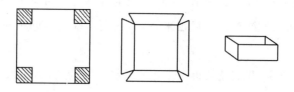

由于我们不知道所求小正方形之边长应该是多少,故称为 x,要确定匣子的体积与 x 之间的相依关系是不难的.显然,如果 x 很短,即所截去的正方形面积很小的话,则做出来的将是一个高度很矮而底面积较大的匣子;而当所截去的正方形面积较大时,则做成的将是一个底小而高的匣子.因此,为了使做成的匣子体积最大,就必须使得 x 既不太长又不太短.利用微分系数的知识,可以严格地证明,只有当小正方形之边长为大正方形边长的 $\frac{1}{6}$ 时,所做成的匣子的体积最大.

又如一块石头被抛射出去而在空中飞行,我们可以求得它所能达到的最大的高度,因由微分系数的计算能精确地指出抛射体的最高点.

微分系数的应用真是多如牛毛.

让我们再来考查一个不像抛物线那样熟悉的函数图像.运用和前面完全类同的方法,通过微商的考虑可以证明,由方程

$$y = x^3$$

所确定的函数,其图线上任一点处切线的斜率正好等于该点 x 坐标的平方的 3 倍,亦即该函数的微分系数是

$$3x^2$$

试问我们能由此而得到些什么信息呢？

由函数方程可直接看出，如果 $x=0$，则

$$y=0^3=0$$

从而函数曲线是通过原点的.

再看微分系数又能告诉我们些什么？

首先引起我们注意的是微分系数中的 x 是以平方的形式出现的（它本身的图像是抛物线），由此即可推出两个结论：第一，对于曲线 $y=x^3$ 而言，不可能有陡峭程度均匀增大的情况出现，当我们从原点走向远处时，曲线陡峭程度将增大得越来越快；第二，不论 x 取正值或负值时，x^2 总是正的，从而无论在原点的左侧还是右侧，曲线上任一点的切线斜率总取正值，故曲线是处处上升的. 又由于曲线通过原点，所以必定是如下的情况，在原点的左侧，曲线始终在 x 轴下面，即低于 x 轴，而在原点的右侧，曲线始终高于 x 轴，从而曲线必与 x 轴相交于原点，但是，如果 $x=0$，则

$$3x^2=3\times0^2=3\times0=0$$

这表明曲线在原点处切线之斜率为 0，从而曲线在原点的切线一定是水平直线，而过原点的水平直线只能是 x 轴. 故曲线与 x 轴既相交于原点，又在原点处相切. 当从左边趋近于原点时，切线的斜率渐趋平缓，并在原点处暂时休息，然后又像获得了新的活力那样，在原点的右侧又开始上升，并且十分迅速地变得陡峭起来.

基于如上的认识，我们可以想象出这一函数的图像是右图所示的样子：

现在让我们来构作函数

$$y=x^3$$

的图像.

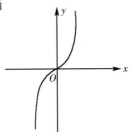

如果 $x=0$，则 $y=0^3=0$.

如果 $x=1$，则 $y=1^3=1$.

如果 $x=2$，则 $y=2^3=8$.

如果 $x=-1$，则 $y=(-1)^3=-1$.

如果 $x=-2$，则 $y=(-2)^3=-8$.

再取一些中间值：

如果 $x=\dfrac{1}{2}$，则 $y=(\dfrac{1}{2})^3=\dfrac{1}{2}\times\dfrac{1}{2}\times\dfrac{1}{2}=\dfrac{1}{8}$.

如果 $x=-\dfrac{1}{2}$，则 $y=(-\dfrac{1}{2})^3=-\dfrac{1}{8}$.

如果 $x=\dfrac{1}{4}$，则 $y=(\dfrac{1}{4})^3=\dfrac{1}{4}\times\dfrac{1}{4}\times\dfrac{1}{4}=\dfrac{1}{64}$.

对于 $\dfrac{1}{64}$ 而言，铅笔作的点已经太大了，以致在我们所作的图像上曲线在该处似乎就已经粘贴在 x 轴上了（通过对于微分系数的更细致的研究可以预见到这种情况），由此在 x 轴上的点

$$0,\dfrac{1}{2},1,2$$

处，我们应该向上依次量出

$$0,\dfrac{1}{8},1,8$$

个单位，在 x 轴上的点

$$-\dfrac{1}{2},-1,-2$$

处，则又应向下依次量出

$$-\dfrac{1}{8},-1,-8$$

个单位.

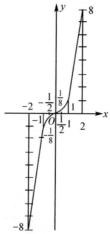

这正是微分系数所预示的那种图像，这一曲线在那些中间点处也不会出现任何反常的情况. 因为微分系数不只是给出了近似的图像，

而且也精确地给出曲线上任一点处的方向.

由此,数学家不厌其烦地去寻求种种可能遇到的函数的微分系数,并把它们搞得如此熟练,甚至能随时把它们背诵出来也就不足为奇了.

每当物理学家从数学宝库中取出一个函数时,他总是发现数学家已经十分周到地准备好了它的微分系数,而这对于应用而言正是最重要的工具之一.

十七 "积小成大"

在日常生活中,我们经常要作乘法计算,以致我们要把乘法表牢记在心中. 例如,在作逆运算时,我们能很快知道 5 就是那个乘上 4 就将得出 20 的数. 数学家同样把那些常用函数的微分系数牢记在心中,以致一眼就能辨认出来. 如果某人举出 $2x$ 这一函数时,我们也会想起已经遇到过它了,试想我们是在何处遇见它的呢? 您可以回想起它就是 x^2 这一函数的微分系数. 如此,我们就可以讨论逆运算的问题了. 即给定一个函数之后,我们可以问,是否存在着这样的函数,它恰好以那个已知函数为它的微分系数? 如果有的话,它又是什么样的函数呢? 如果已经找到了这样的函数,我们把它称为已知函数的积分. 例如,$2x$ 的积分就是 x^2. 类似于方程的讨论,在此也有某些诀窍,借助于这种诀窍,能够帮助寻找我们所要寻找的函数. 例如,设已知函数为 x^2,我们可能就会联想到函数 $3x^2$. 我们已经知道 $3x^2$ 是由方程 $y=x^3$ 所确定的函数的微分系数,无论 x 是什么,x^2 总是 $3x^2$ 的 $1/3$,从而 x^2 也许就是函数

$$y=\frac{x^3}{3}$$

的微分系数,易证事实就是如此.

然而不幸的是,在很多情况下并非如此简单,因而要寻找一种普遍有效的方法. 另外,在如上这种猜测的办法中还包含着一些小错误,仅由微分系数是不能知道函数 $y=x^2$ 的曲线是否通过原点的,对此必须从函数的方程本身去判断. 因此,我们能否认为由微分系数就能完全确定一条曲线呢? 事实上,我们马上就能看出,仅由微分系数是不足以完全确定一条曲线的,让我们将原来的抛物线向上平移一个单

位,如下图所示.

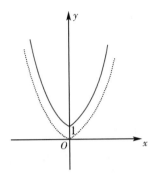

显然,这并不会改变曲线的方向,亦即曲线上任何一点的陡峭程度都没有改变,从而微分系数也没有变化.但在另一方面,由于每一点的 y 坐标都增大了一个单位,从而曲线方程本身就发生了变化,即 y 由原来的 x^2 变成了 x^2+1,从而经过平移后的方程就是

$$y = x^2 + 1$$

这样,单凭方向的变化情况,亦即仅由微分系数就不足以表明我们所指的究竟是哪一个函数.事实上我们可将原来的抛物线任意地上下平移而得出无穷多条抛物线,我们的微分系数则无法表明我们所指的究竟是这无穷多条抛物线中的哪一条,在这种意义之下,我们的问题是不确定的.

但是,如果我们能同时给出所求曲线上的某一点,问题就完全确定了.例如,作为一种"初始值",我们规定曲线要通过原点,这时依据微分系数就只能得出原来的抛物线了.这一点还可以从如下的讨论中更为清楚地看出.

我们仍将通过抛物线的例子来引出一般的方法.先假设我们并不知道函数 $2x$ 的积分是什么函数,而让我们依据所求曲线过原点和曲线上任一点的切线斜率为 $2x$ 这样两个已知条件来确定所求的函数曲线.

仍让我们从作图开始,当然,这里的最终目的仍在于给出一种精确的方法.

先让我们把 x 轴分割为单位区间,并在各个分点处作出 x 轴的垂线,借以表示我们目前尚不知道曲线上各点的 y 坐标.

现在我们仅知道 $x=0$ 时,y 的值亦为 0,就让我们从这一点开始作图,当然这只是一种近似的图像.

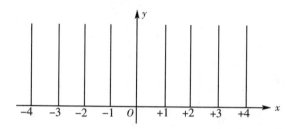

在作图时,我们只能依据如下的事实,即切线与曲线在某一瞬间是相吻合的,从而在切点附近的一个很小范围内,就可用切线来取代曲线.我们将以上图中相邻两条垂线之间的距离来表示所说的这种很小的范围.现在先让我们作出原点处所对应的切线,且设右至 $+1$ 而左至 -1 的范围内能用这一切线段来取代曲线,而这样得出的点又可视为曲线上与 $x=+1$ 或 $x=-1$ 时分别相对应的点;然后从这两个点出发,我们又可在相邻的垂线之间作出相应的切线,如此所得出的点,又可视为曲线上分别与 $x=+2$ 和 $x=-2$ 相对应的点;再从这两点出发,又可在相邻的垂线之间作出切线等.当然,所说的切线是按照给定的斜率来作出的.在原点处的斜率是

$$2x=2\times0=0$$

在 $x=1$ 处是

$$2x=2\times1=2$$

我们已经知道,乘积函数 $2x$ 是均匀地增长的,因此在 $x=1$ 以后的各点处的斜率依次为 $4,6,8,\cdots$. 从而相应的这些点处的切线斜率依次为

0	1	2	-1	-2
0	2	4	-2	-4

显然,斜率为 $2\left(\dfrac{2}{1}\right)$ 意味着在向右走一个单位时,必须向上走两个单位;类似地,斜率为 -2 就意味着向左走一个单位时,必须向上走两个单位.因此,在 $x=+1$ 和 $x=-1$ 的点处,我们必须向上量出相同的长度,这表明图像是对称的.从而我们只要精确地作出右半个图形就可以了,然后利用对称性就可作出另外半个图形.

现在我们可以开始作图了.原点处的切线斜率为 0 的事实告诉我们,应作出斜率为 0 的水平直线,即 x 轴.我们沿 x 轴前进直至 $x=1$

的点,然后由这一点向右,沿着斜率为 $2 = \frac{2}{1}$ 的直线前进,直到下一条

垂线,如此等等.这样我们就作出了一个多少有点像抛物线的图形.

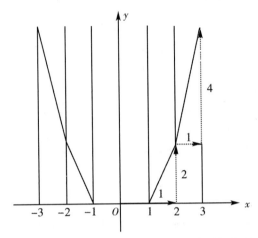

让我们通过计算来检验一下如上结果的精确程度.不妨就在

$x = 3$ 处检验一下,即计算出 $y = x^2$ 在 $x = 3$ 的点的 y 坐标:

$$如果\ x = 3,则\ y = 3^2 = 9$$

当然在这里不应当假设我们已经知道所求的函数是 $y = x^2$;然而由于

我们在事实上已经知道了这一情况,故就用以作为度量的标准,观察

一下所作图线在 $x = 3$ 的点的 y 坐标与 9 的误差究竟有多大.

由如上作图过程可知,我们是由原点出发而逐步抵达所说的 y 坐

标的,因此只要把诸垂线间上升的值加起来即可求得所说的 y 坐

标,即

$$y = 0 + 2 + 4 = 6 = 9 - 3$$

误差 3 实在太大了.让我们再以 $\frac{1}{2}$ 个单位为间隔作 x 轴的垂线,借以

得到更多的分点.原点处的切线的斜率仍然是 0(切线是水平直线),

在 $x = \frac{1}{2}$ 处为

$$2\,x = 2 \times \frac{1}{2} = 1$$

由于在等距离的间隔中,斜率是均匀地增长着,从而在相继的各个等

距离的分割点处,y 的坐标总是增大 1.

这些点处切线的斜率依次为

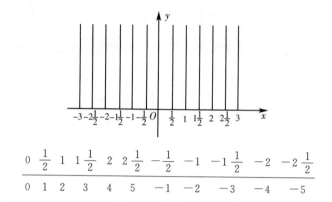

0	$\frac{1}{2}$	1	$1\frac{1}{2}$	2	$2\frac{1}{2}$	$-\frac{1}{2}$	-1	$-1\frac{1}{2}$	-2	$-2\frac{1}{2}$
0	1	2	3	4	5	-1	-2	-3	-4	-5

在动手作图之前,仍然要提醒的是,原点处切线斜率为 0,因此原点向右延伸到 $x=\frac{1}{2}$ 处,我们必须水平地前进,然而在 $x=\frac{1}{2}$ 的点处的切线斜率为 $1(\frac{1}{1})$,从而由此每右移一个单位,也就同时上移一个单位.但由于现在我们是以 $\frac{1}{2}$ 个单位为间隔作垂线的,这表明我们已不再以整个单位为步子一步一步地向右前进了.我们必须认识到,如果一条铁路的斜率为 $\frac{1}{1}$,则在沿铁路前进时,每当在水平方向前进 1 码,则将上升 1 码,但在水平方向前进 $\frac{1}{2}$ 码时,则将上升 $\frac{1}{2}$ 码,如下图(a)所示.

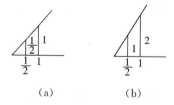

(a)   (b)

同样地,如果一条铁路的斜率为 $2=\frac{2}{1}$,则当沿铁路前进时,在水平方向前进 $\frac{1}{2}$ 码而不是 1 码时,在垂直方向就上升 1 码而不是 2 码[上图(b)].因此在前进 $\frac{1}{2}$ 个单位时,则实际上升的值就只是刚才计算所得的斜率的 $\frac{1}{2}$.例如,由原点向右依次通过下列各点时,

$$0,\ \frac{1}{2},\ 1,\ 1\frac{1}{2},\ 2,\ 2\frac{1}{2}$$

我们就不是上升

$$0,1,2,3,4,5$$

个单位,而是上升

$$0,\ \frac{1}{2}\times1=\frac{1}{2},\ \frac{1}{2}\times2=1,\ \frac{1}{2}\times3=1\frac{1}{2},\ \frac{1}{2}\times4=2,\ \frac{1}{2}\times5=2\frac{1}{2}$$

现在我们可以顺利地作出图像了.

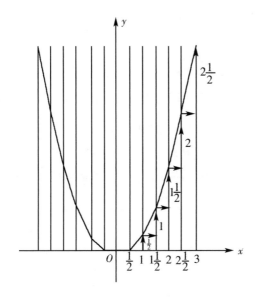

这一图线看起来已经十分光滑,甚至接近于抛物线了,只是图中过分地夸张了与 x 轴吻合的事实.

让我们再来计算一下 $x=3$ 的点的 y 坐标.

此时我们就不再把各个斜率相加,而只是把各个斜率的 $\frac{1}{2}$ 相加起来,并且被加的这些数值最好不要写成完成了的形式,即不要写成

$$0,\ \frac{1}{2},\ 1,\ 1\frac{1}{2},\ 2,\ 2\frac{1}{2}$$

而写成

$$\frac{1}{2}\times0,\ \frac{1}{2}\times1,\ \frac{1}{2}\times2,\ \frac{1}{2}\times3,\ \frac{1}{2}\times4,\ \frac{1}{2}\times5$$

从而就有

$$y=\frac{1}{2}\times0+\frac{1}{2}\times1+\frac{1}{2}\times2+\frac{1}{2}\times3+\frac{1}{2}\times4+\frac{1}{2}\times5$$

由于 $\frac{1}{2}\times0=0$,故可删去.

如果每个加项都取其一半的话,则最简单的方法就是先把它们加起来,然后取其和的一半,亦即

$$y = (1+2+3+4+5) \times \frac{1}{2}$$

如此我们就只需把括号中的整数加起来,而在做这样的加法运算时,则可采用学生 Susie 的简便方法,即取其中间数 3,再乘上项数 5,即 15.取其一半就是 $\frac{15}{2}$,故有

$$y = \frac{15}{2} = \frac{18}{2} - \frac{3}{2} = 9 - \frac{3}{2}$$

前次所作图线中相应的 y 坐标与 9 的差是 3,而此处只有 $\frac{3}{2}$.

在我们的图线逐渐变得光滑的同时,(由于所用工具的不完备性,这种作图方法只能给我们以近似的结果.)我们还获得了一个副产品,那就是一种能不断地完善的计算方法,用这种方法则可计算出 $x=3$ 的点的 y 坐标.显然,当我们进而以 $\frac{1}{4}$ 个单位为间距去进行分割时,原点处的切线斜率仍然是 0,$x=\frac{1}{4}$ 的点处的切线斜率为

$$2x = 2 \times \frac{1}{4} = \frac{2}{4}$$

化简为 $\frac{1}{2}$,从而在同样大小的区间中,斜率的增长就总是 $\frac{1}{2}$,如此各点处的斜率依次为

0	$\frac{1}{4}$	$\frac{2}{4}=\frac{1}{2}$	$\frac{3}{4}$	1	$1\frac{1}{4}$	$1\frac{1}{2}$	$1\frac{3}{4}$	2	$2\frac{1}{4}$	$2\frac{1}{2}$	$2\frac{3}{4}$
0	$\frac{1}{2}$	$\frac{2}{2}$	$\frac{3}{2}$	$\frac{4}{2}$	$\frac{5}{2}$	$\frac{6}{2}$	$\frac{7}{2}$	$\frac{8}{2}$	$\frac{9}{2}$	$\frac{10}{2}$	$\frac{11}{2}$

此时我们将以 $\frac{1}{4}$ 个单位为步子向右前进,从而各个相应点处的实际增长值只是上表中各个数值的 $\frac{1}{4}$,因为当我们沿着某一斜率的铁路前进时,如果沿水平方向前进的距离是 $\frac{1}{4}$ 个单位,则上升的值也就是斜率的 $\frac{1}{4}$.从而按这些数值的 $\frac{1}{4}$,我们即可计算出 $x=3$ 的点的 y 值,即

$$y = \frac{1}{4} \times \frac{1}{2} + \frac{1}{4} \times \frac{2}{2} + \frac{1}{4} \times \frac{3}{2} + \frac{1}{4} \times \frac{4}{2} + \frac{1}{4} \times \frac{5}{2} +$$

$$\frac{1}{4} \times \frac{6}{2} + \frac{1}{4} \times \frac{7}{2} + \frac{1}{4} \times \frac{8}{2} + \frac{1}{4} \times \frac{9}{2} + \frac{1}{4} \times \frac{10}{2} +$$

$$\frac{1}{4} \times \frac{11}{2}$$

此处因为 $\frac{1}{4} \times 0 = 0$,故已删去.

此处的每一项都要乘上 $\frac{1}{4}$,亦即每项都要除以 4;另外,每项中还有分母为 2 的分数,而一个数先除以 4 再除以 2,则可直接除以 $4 \times 2 = 8$,于是我们可计算如下:

$$y = (1 + 2 + 3 + 4 + 5 + 6 + 7 + 8 + 9 + 10 + 11) \times \frac{1}{8}$$

此处有着这么多的加项,我们就更应体会到 Susie 的计算方法的方便之处了.我们只要取其中项 6,再乘以项数 11,即 66,然后再除以 8,即 $\frac{66}{8}$,于是就有

$$y = \frac{66}{8} = \frac{72}{8} - \frac{6}{8} = 9 - \frac{6}{8}$$

$\frac{6}{8}$ 还可用 2 来约分,因此

$$y = 9 - \frac{3}{4}$$

经过这样的改进,与 9 的误差就只有 $\frac{3}{4}$ 了.

获得如上结果丝毫没有依赖于作图,但是,我们仍然是按真的作图的情况进行思考的.往下我们可以完全不考虑作图而把上述过程继续下去了.下一步应当以 $\frac{1}{8}$ 个单位为间隔了.这时在相继的分割点处,斜率的增量将是

$$2x = 2 \times \frac{1}{8} = \frac{2}{8} = \frac{1}{4}$$

从而斜率就依次为

$$0, \frac{1}{4}, \frac{2}{4}, \frac{3}{4}, \frac{4}{4}, \frac{5}{4}, \cdots$$

我们应当逐个地用 $\frac{1}{8}$ 去乘这些数,然后把直到 $x=3$ 处的这些数加起来,其结果将为

$$y = 9 - \frac{3}{8}$$

易见上述过程可以无限制地进行下去,由于序列

$$3, \frac{3}{2}, \frac{3}{4}, \frac{3}{8}, \cdots$$

收敛于 0(如果我们将三块饼干分给越来越多的人,则每人所得的一份就越来越少,以至可以忽略不计),所以当我们的曲线变得越来越光滑时,图线上 $x=3$ 的点的 y 坐标就在严格意义下趋近于 9,也就是函数 $y=x^2$ 在 $x=3$ 处的值.

用同样的方法可以证明,我们的图线在 $x=1$ 处的 y 坐标收敛于 $1=1^2$,在 $x=2$ 处收敛于 $4=2^2$,在 $x=4$ 处则收敛于 $16=4^2$. 一般说来,在任一点处,y 坐标总收敛于相应的 x 坐标的平方,即 x^2. 因此,我们的折线最终就变为抛物线

$$y = x^2$$

如果用函数论的语言来说,在给定了一个初始值以后,就可以由函数

$$2x$$

重新构造出那个恰以 $2x$ 为其微分系数的函数.

在上述过程中,我们实际上已经触及所要寻求的精确方法,这就是首先将 x 轴上由已知点到被检验点的区间(上例中即由 $x=0$ 到 $x=3$ 这一区间)进行分割,再把每个分割点处的函数值乘以被分割后的小区间的长度,并把这些乘积相加,这样我们就得到了"近似的积分和". 如果我们使所说区间上的分割点变得越来越稠密,则这些和就将收敛于积分在被检验点处的值. 无可否认,这是一个十分烦琐的过程,但正如我们已经知道的那样,逆运算往往是较为难以对付的.

实际上,可用面积来表示近似和,近似和中的每一项都是一个乘积,它们是函数在这一点或那一点的值与分割区间长度的乘积. 这种乘积可用长方形的面积来表示,只要使该长方形的两条边的长度分别等于该乘积的两个因子,如此近似和中的每一项都将给出一个长方形,而只要把这些长方形一个接一个地排在一起,就能用以表示整个

和数.

不妨让我们试一试,第一个和是

$$0+2+4$$

其中似乎没有出现乘积,这是因为此时的分割区间的长度是一个单位.因此我们应将上面的和写成如下的形式:

$$1\times0+1\times2+1\times4$$

现在我们即可用面积来表示它了(1×0代表一个以由 0 到 1 的线段为底而高为 0 的长方形,当然,在实际上这是一条水平的线段.):

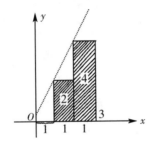

第二个积分和是

$$\frac{1}{2}\times0+\frac{1}{2}\times1+\frac{1}{2}\times2+\frac{1}{2}\times3+\frac{1}{2}\times4+\frac{1}{2}\times5$$

其图像为

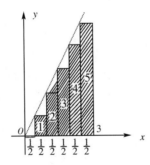

第三个近似和有 12 项:

$$\frac{1}{4}\times0+\frac{1}{4}\times\frac{1}{2}+\frac{1}{4}\times\frac{2}{2}+\frac{1}{4}\times\frac{3}{2}+\frac{1}{4}\times\frac{4}{2}+$$

$$\frac{1}{4}\times\frac{5}{2}+\frac{1}{4}\times\frac{6}{2}+\frac{1}{4}\times\frac{7}{2}+\frac{1}{4}\times\frac{8}{2}+$$

$$\frac{1}{4}\times\frac{9}{2}+\frac{1}{4}\times\frac{10}{2}+\frac{1}{4}\times\frac{11}{2}$$

以 $\frac{1}{2}$ 为单位可以简单地作出图形,但由于图形中线条已十分拥挤,我们已无法填写相应的数字了.

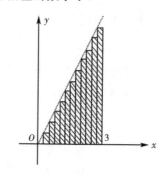

易见这些"阶梯"的面积越来越接近于某个直角三角形的面积,而所说的三角形就是图中位于虚线以下的那个直角三角形,读者也许已经注意到在所有这些图形中,这一虚线的位置始终是相同的.由第一个图形即可看出其斜率为 2∶1,且可证明在其余各个图形中也是如此.前文我曾提醒过读者,应当记住这一图形,过原点并且斜率为2∶1的直线的方程为

$$y = 2x$$

而这正是我们所给定的函数.因此,这一直线恰好就是已给定的函数的图像,那些近似和则实际上越来越精确地趋于位于已知函数的图线之下的面积.我们事先对此一无所知乃是十分遗憾的.因为这一直角三角形的面积的计算是十分容易的,我们只要把两条直角边相乘,再取其一半即可.水平方向的直角边就是 x 轴上由 0 到 $x=3$ 这一段,其长度为 3 个单位.再让我们计算出垂直方向的直角边长,即

若 $x = 3$,则 $y = 2x = 2 \times 3 = 6$

从而另一条直角边之长度为 6 个单位.这样,三角形的面积就是

$$\frac{3 \times 6}{2} = \frac{18}{2} = 9 \text{ 个单位}$$

这与我们刚才花了九牛二虎之力所获的结果完全一致.

所以,面积计算就能帮助我们去计算积分.事实上,这并不是巧合.只要所讨论的函数不是十分异常,诸如始终在 0 与 1 之间激烈地跳跃的 Dirichlet 型函数(此时近似的积分和根本不收敛)等.总之,只要所讨论的函数是比较正规的,其近似和总可用这种"阶梯形"的面积来表示:

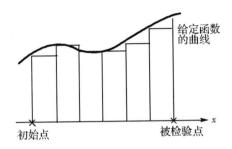

且当分割得越来越细时,这些近似值就趋向函数曲线之下的介于初始点与被检验点的垂线之间的面积. 换句话说,曲线之下的面积和积分是同一个概念,只是表述的方式不同而已.

在实际应用中,如上所述的情况常常被颠倒过来,即积分计算常常用以间接地计算面积.

我们早已掌握了直角三角形的面积计算方法. 我们也知道,任何一个普通的三角形都可分割为直角三角形,任何一个多边形则可被分割为三角形. 因此直线所围成的图形的面积计算是没有什么困难的. 此外,我们也已多少有点习惯于用嵌入大量的小三角形的方法来计算圆的面积,然而又如何能计算出由一般曲线所围成的面积呢?

对此,我们选用一些直线先把图形加以切割,并使得被切割而成的小块的直边位于 x 轴上,然后我们可以先求出各小块的面积,而这种位于曲线之下的面积计算,就是积分计算的问题了. 如果所遇到的积分是很容易猜出来的话,此时就可马上说出相应的面积是多少了.

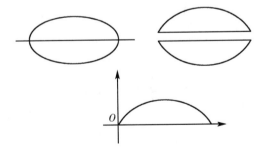

例如,我们已经知道 x^2 的积分为函数 $y = \dfrac{x^3}{3}$,或者更确切地说,在所有可能的积分中,这是通过原点的一个. 因为如果 $x=0$,则

$$\frac{x^3}{3} = \frac{0^3}{3} = 0$$

由此我们就可立即计算出位于抛物线

$$y = x^2$$

之下的面积,例如介于 $x=0$ 与 $x=1$ 之间这一部分就等于 $x=1$ 处的积分值. 即

$$\frac{1^3}{3} = \frac{1}{3} \text{个单位}$$

图中的阴影部分显然是单位正方形的一个部分,它正好是这个单位正方形的 $\frac{1}{3}$.

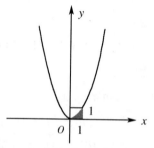

对于抛物线以外的面积也许没有多大兴趣去考虑,但是,我们也可利用上述结果计算出抛物线内侧位于任一指定高度以下的面积. 例如,如果上述单位正方形的 $\frac{1}{3}$ 位于抛物线外侧的话,则它的 $\frac{2}{3}$ 就位于抛物线的内侧,再加上 y 轴左侧的对称图像,则下图中阴影部分的面积就是

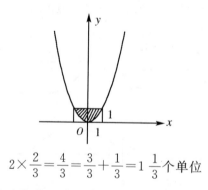

$$2 \times \frac{2}{3} = \frac{4}{3} = \frac{3}{3} + \frac{1}{3} = 1\frac{1}{3} \text{个单位}$$

最后,我希望读者的注意力重新回到那些借以逼近面积的小长方形的数量上去,当分割变得越来越稠密时,这些长方形变得越来越细,而每个长方形的面积必然收敛于 0,这和多次提到过的那种把一块饼干分给越来越多的人的情况是一样的. 然而,尽管每一个长方形变得越来越细,面积也越来越趋近于 0,但它们合在一起却趋向于一个不

等于 0 的确定的面积,甚至这一面积也未必很小.例如前面所讨论的三角形的面积就是 9.这也没有什么可奇怪的,因为在每个长方形变得越来越细的同时,它们的数量也变得越来越多,而很多小东西最终还是可以合成一个很大的东西的.如不知不觉的沙层的沉积,仍然可以埋没宏伟的金字塔;许多渺小的个人想法可能会突然导致整个世界的重大变化.这就是许多细小结果的"累积".

纯推理的自我评论

十八 还有不同类型的数学

　　几乎每个著名的数学家都曾遇见过这样的事,一个陌生人故弄玄虚地拿着一份"珍贵"的手稿,并声称自己已经解决了方圆问题.让我们先把这一问题的真实含义弄明白.

　　如果有人说:"只要知道直角三角形的两条边,就能作出这个三角形."那么,我们立即可以提出这样的问题,"你用的是什么工具?"如果所使用的工具是从商店里买来的一块木制三角板,也即他是沿着三角板的边沿去作图的,那么,你若相信这种商品的精确性,则是很不明智的.

　　因为,当你用三角板先画好一个直角,然后再把三角板反过来,使得三角板的直角角顶对准,而且三角板的一条直角边紧挨着所画直角的一条直角边所在直线时,在大多数场合所得到的是下图所示的画面,这表明木制三角板的直角往往是不精确的.

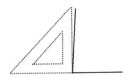

　　古希腊人在选用作图工具方面是极为慎重的,直尺只能用于去画直线(而不允许用于画直角).但在这里仍然存在这样的问题,即直尺的边沿未必真正是直的.如果我们要画一个圆,倒是有一种较为精确的工具而不需要任何预先做好的木制圆板,这种较为精确的工具就是圆规.只要圆规的连接之处足够紧密而不松散,则可把圆规的一个脚固定在纸上一点,再使装有铅笔芯的另一个脚在纸上作与定点等距离的运动,如此即可作出一个真正的圆.

动点

固定点

古希腊人在几何作图中,除圆规与直尺之外,不允许再使用其他工具,并认为在作图中使用直尺的地方越少,单独使用圆规的场合越多,则所作图形的精确性就越可靠. 但在若干个世纪以后,人们发现根本不需要使用直尺去作图,因为所有仅用圆规、直尺能作出的图形,均可仅用圆规去把它作出来. 当然,要用圆规去作出直线段是不可能的. 但像一个正方形,可由它的四个顶点来得到表示:

也即凭借这些点,人们即能很好地想象出这个图形.

然而,还是让我们保留圆规与直尺的配合使用吧. 于是很自然地会有这样的问题:仅用这两种工具究竟能作出些什么样的图形来呢?

所谓方圆问题,就是这些问题中的一个,即仅用圆规、直尺去作出一个正方形,使其面积正好等于一个预先给定的圆的面积.

我们早已知道,用多边形去逼近圆的方法,能近似地求出一个圆的面积,且其误差范围需要多么小就能多么小. 例如,画一个单位圆,作为其面积的度量,我们得到一个确定的无理数

$$3.14\cdots$$

无论要把这个数计算到哪一位都是可能的. 由于这一无理数的重要作用,使之获得了一个专门的名称,这一名称就是我们上学以来就熟悉的

$$\pi$$

如果我们确实认识到这就是单位圆的面积,我们当然可以说与之等面积的正方形是存在的. 由于正方形的面积等于边长的平方,显然存在这样的数,其平方为 π,通常用 $\sqrt{\pi}$ 来表示等面积正方形之边长,如此,边长为 $\sqrt{\pi}$ 的正方形便能求得.

然而问题不在于这种正方形是否存在,而是能否仅用圆规与直尺把这一正方形精确地作出来.

$\sqrt{\pi}$ 为无理数的事实,未必就是造成作图困难的原因,因为我们已经作过边长为 $\sqrt{2}$ 的正方形. 读者也许还记得把鱼池放大一倍的问题.

那里所给出的论证,可以很容易地把它转化为精确的作图方法,既然如此,难道我们就不能仅由圆规与直尺去作出长为 $\sqrt{\pi}$ 的线段吗?

多少个世纪以来,不知有多少人曾试图解决这一问题,但都未获成功. 直到把这一问题翻译为代数语言时,才使问题获得解决.

仅由圆规与直尺究竟能作出些什么样的图形呢? 是直线和圆. 如所知,在代数语言中,直线就是线性方程,而圆则是某种类型的二次方程. 因而任何能仅用圆规与直尺去作出的图形,都必须表现为这类方程的公共解.

当前,数学家已经成功地证明了 $\sqrt{\pi}$(甚至 π)不可能是任何这类方程的解,甚至也不可能是任何高次方程的解,除非事先以某种方式将 π 写入方程之中(例如,我们能在方程 $x - \pi = 0$ 中,将 π 移到等号的右边而得出 $x = \pi$.). 正因为如此,我们就说 π 不是一个代数数,而称为超越数.

按照如上的论述,方圆问题是一个不可解问题. 这样,数学又一次成功地证明了自身在解决一类问题时的不充分性,这类问题的解决方法是受到某种明确限制的.

除了发现不能成为任何代数方程的解的超越数的存在以外(可以证明,自然对数的底 $e = 2.71\cdots$ 也是超越数,甚至可以证明绝大部分的无理数都是超越数),我们还想通过以上的讨论,指出所用方法的纯粹性的重要性. 古希腊人正是突出了这样一点:即问题不在于能否作出一个与定圆等面积的正方形(事实上,19 世纪末就已制造出一种机械,能用它很精确地作出所要求作的正方形),而在于这样的正方形能否仅由圆规与直尺把它作出来. 在此意义下的这一问题,对于所有的数学家来说,都已明确地给出了否定的回答,只有某些根本没有数学头脑的人才不相信这一结论,因为他们的思想已被方圆问题的迷梦和魔力所控制.

数学家不同于某些其他学科的工作者,彼此之间总能很好地理解对方,其原因在于方法论上的明确性,也即关于前提条件的毫不含混的陈述,以致在每个时代中,不同国家的数学家之间也能很好地相互了解. 数学是晦涩难懂的,尽管难以想象有谁能像数学家那样谨慎地去阐明自己的论点. 当然,关于数学所讨论的主题,也和其他学科一样,对于各个数学家来说,仍将有其独特的个人风格.例如,点和直线等观念,对于不同的人来说,可能意味着完全不同的东西.我们的一位教授,曾以如下的提问来开始他的讲演,"女士,您曾经看到过点吗?"这是一个出乎意料的问题,但她还是回答说:"没有见过.""您没有画过一个点?"这次她回答说:"画过的."但女士又接着说:"我的意思是说曾经试图去画一个点,但始终没有成功."实际上,我们用粉笔或石墨所画的点迹都不是点,它们在显微镜底下是一座山.我们都具有某种关于点的观念,并在画点的时候总是力图把这种观念表现出来.当然,各人关于直线的想象更是具有个人的风味.直线并不是一条简单的线,小孩或原始人就从来没有画出过笔直的线,他们所画出来的总是弯曲的.为能画出笔直的线,必须具有较高的素养.基于上述理由,一个数学家如已证明了关于点和线的某些结论,他将以这样的方式将自己的发现讲授给自己的学生:"我不知道大家如何想象几何图形,我的观念是过两点总可引一直线,这是否符合你们的想法?"如果回答是肯定的,则他就会这样继续自己的讲解:"我已经证明了一些结论,而且在证明过程中,除了上述为大家所同意的那一点之外,并没有用到关于点和直线的任何其他性质,因此,各人可以按照各人所设想的点和直线去思考,但大家都仍然能够理解我所要论证的事."

数学并不自称为绝对真理,数学定理往往是以"如果……那么……"的谦逊的形式来叙述的."如果我们仅用圆规和直尺来作图,那么方圆问题是不可能解决的.""如果我们用点和线来表示具有这样或那样性质的图形,那么以下的结论对它们来说是真实的."

在学校里我们并不习惯于用这种方式来表述定理,正如在前面各节中我们也没有用这种方式来表述定理.那些传授知识的人,往往不是以加工后的形式,而是以有直观背景的和朴素的原始形式来进行讲授的.精确的条件并不是一开始就得到表述的.在伟大的构造时代以后,通常紧跟着批判的时代.数学家在回顾他们所走过的路程之后,都要去努力把握所获结果的核心.

Euclid在系统化方面的工作是如此成功,以致他的著作在许多世纪以来一直成为我们的典范.他首先列举了基本概念和基本概念之间的基本关系(也即至今被人们称之为公理的东西),由此开始而往下展开的证明,也只对那些接受关于点、线、面的公理的人来说才是真实的.故在选择这些公理时,他是如此谨慎,以使它能符合每个人的直觉.例如,有一条公理断言,任给两定点,则过这两个定点能且只能作一直线.

他的著作已问世 2000 年之久,但只有一条公理引起争论,这就是著名的平行公理:过平面上已知直线外的一点,至多只能引一条直线与该已知直线永不相交.

我们把所作与已知直线永不相交的那条直线,叫作已知直线的平行线.有关平行公理的问题在稍后加以讨论.

首先让我们来分析公理化方法的另一特征:如果对于定理证明中所涉及的点、线、面,允许我们任意发挥自己的想象,而只要它们能满足公理所要求的关系,至于图形中的点、线、面究竟是什么意义下的点、线、面是无关紧要的,即我们可以实际地去想象各种各样的对象,而只要这些对象能满足公理所体现的关系,那么我们的证明就将给出关于这些对象的正确的定理.这又体现了我们在讨论对偶性时就遇见的那种"说一得二"的情况:即使对于那些具有古怪想象的人来说,当我们说点时,他想象的是直线,而当我们讲直线时,他想的是点,则我们所说的定理依然是正确的.(读者也许还记得我们在那里所引证的一个例子,不在同一条直线上的三个点可确定一个三角形,而不通过同一点的三条直线也决定一个三角形.)

如果有一个人以某一定圆内(不包括圆周上)的点作为点,以直线在圆内的部分作为直线,那么,即使在这样狭小的范围内,过两点(圆内两点)能且只能作一直线(不包括端点的弦)仍然是正确的,从而所有可以单独凭借这条公理推演出来的定理对于所说的点和直线来说都是成立的.

现在让我们转向平行公理的讨论.我相信任何人只要对此稍作考虑,就会同意过已知直线外的一点只能作一条直线与已知直线平行,并将认为这一事实是无可怀疑的.所以大多数人都是毫不犹豫地接受

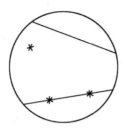

平行公理.

但我愿意告诉读者有关我在普通中学一年级任教时所经历的一件事.

我让每个学生手上拿着一个正方形,并叫他们说出正方形对边之间的关系.同学们马上提到平行的概念,因为他们在日常生活中已经遇到过这一概念.我又问他们是如何理解平行这一概念的.一个女同学说,平行就是具有相同的方向;另一个同学说,平行线之间是永远保持等距离的;又有一个学生说,两直线互相平行就是无论我们怎样延长它们总不相交.我说:"这些回答都是对的.""我们可以采用其中任何一种说法作为出发点,进而就能推导出其他两种说法."这时坐在第一排的安妮(她是班上最聪明的一个学生)站起来说:"以两直线永不相交来作为平行线的定义并不是一个好办法,因为我们可以设想有这样两条直线,它们之间并不保持等距,而是愈来愈靠拢,却永不相交."她在黑板上作出如下的图形,借以阐明其真实含意:我不得不承认安妮的洞察力非同一般.

———————————

———————————

这里的问题在于所说事实的真伪是无法用经验的事实去检验.当我们把通常的平行线稍微倾斜一点,则充分延长后必定相交.但是,如果我们使得倾斜的程度逐渐减少.例如,使得倾斜的角度减少到原来的倾斜角度的 $\frac{1}{10}, \frac{1}{100}, \frac{1}{1\,000}, \cdots$,由于这一数列是可以无限地延长下去的,因此你就无从知道,我们最终是否会达到这样一个极小的倾斜角度,而使得这条倾斜的直线和已知直线永不相交? 问题就在于我们无法真正走遍这个无穷序列.

我们早已遇到过这样的曲线,它愈来愈靠拢一直线,但它们永不相交.例如双曲线的每个分支都是这样的曲线.

有人能够想象出越来越靠拢而又永不相交的直线一事并不奇怪,因为我们的想象是受我们的感性经验所支配的.例如,对于长期与爱人分离的人来说,就可能会发生这样的情形,在他的想象中越来越靠拢的两个图形正是以如上所说的情形发展着,亦即它们并不具备实际相会的可能.

无论如何,所有这些情况都是可能的.即使从 Euclid 开始,就有许多人具有与安妮同学一样的感觉.也许他们对自己的想象并不是那么有把握的,因为大多数人的看法和他们是相反的;但是,他们总对平行公理是否具有像别的公理那样的自明性一事感到怀疑.他们说:"你为什么不用我们可接受的那些公理去证明它,以使我们能够接受它."

许多世纪以来,数学家都试图利用别的公理去证明平行公理,但都没有成功.

匈牙利人 J. Bolyai 是首先采纳如同安妮同学那种观点的一个人."没有人能证明平行公理的原因,就在于它并不是真实的.让我们来观察如下的事实,过已知直线外一点,作与已知直线相交的直线,现在我们将所作直线绕着定点转动:

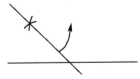

这时它和已知直线的交点将越移越远,并将最终达到没有交点的情形,但在这时所作直线仍然是轻微地倾斜于已知直线的.

当然,我们如果把所作直线再转过一点儿,它们就更不会相交,直到它开始在另一个方向倾斜于已知直线.如此,过已知直线外的一点就有两条临界的直线,它们都不与已知直线相交.从而任何介于这两条临界直线之间的直线皆不与已知直线相交,但那些倾斜程度超过它们的直线却都是与已知直线相交的.让每个与我们具有相同观点的人共同协作,我们就将建立起我们自己的几何.”

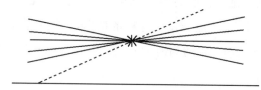

Bolyai 采用了平行公理的否命题作为公理,并保留平行公理以外的其他欧氏公理,并研究从这些点、线、面的基本公理出发,能推演出什么样的定理.在按如此方式建立起来的 Bolyai 几何学中,有许多情况与 Euclid 几何是不相同的.然而这仅仅是一个你乐于接受何种几何的问题.

在与 Bolyai 同时代的人中,确实也有其他人发现了可以建立不同几何学的可能性,但这在任何意义上都不能贬低 Bolyai 的贡献(尽管这些情况彻底摧毁了这个可怜的人).其实这是一种经常发生的事情,某些问题经过时间的推移渐趋成熟,从而就会在世界上不同的地方同时出现对此问题敏感的人,如此就会发生同时而又独立发现的情况.

然而在此仍有一些问题需要考虑,虽然平行公理可能是不可证的,但整个 Bolyai 几何也可能是建立在一种虚假的前提之上的,亦即会不会由此而推演出一大堆矛盾?

幸运的是对于上述问题已经有了一个令人满意的回答:从可靠性的角度来看,两种几何都是同样完善的.因为,如果 Bolyai 几何会导致矛盾,那么 Euclid 几何也将包含着矛盾.

我们之所以能得出上述结论,仍是由于我们能在 Euclid 几何中建立起 Bolyai 几何学的模型.我们曾考查过具有狭小地平圈的世界,其点和直线全都位于一个欧氏圆的内部.在那里我们已经证明,在这种狭义理解下的点和直线是满足 Euclid 的一条基本公理的.我们还可以证明除平行公理以外的任何别的欧氏公理也都是满足的（只要对合同的概念略作变化），而且 Bolyai 公理在这里也是被满足的. 此时两条临界直线就是连接定点和已知直线端点（定直线与圆周的交点）的直线，而位于这两临界直线之间的直线（即它们位于圆内的部分），在 Euclid 几何意义下与已知直线（在圆内）确实是永不相交的. 因此，Bolyai 公理与平行公理以外的其他欧氏公理是相容的，因为在这狭小的世界中，它们可以相处得很好.

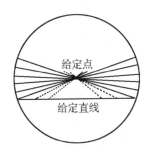

如此，我们就遇到了两种同样有效的几何学，我们没有任何理由不承认有不同的几何学. 事实上，我们可以完全独立于直观而继续这种游戏：对于任何一条不能借助于其他公理而加以证明的公理来说，我们都可以承认它的否命题，并从这个否命题出发，研究一下能推演出什么样的定理来. 进而我们还可以采纳完全不同的公理，因为看来没有必要坚持来源于直观的公理，Bolyai 几何即已显示出依靠直观作为基础是如何的不可靠. 正像我们已经看到的那样，如果每个人都能充分发挥自己的洞察力，那就将会出现完全不同的结果.

按照这样的方法，我们可以一个接一个地构造出一系列的几何. 这不仅仅是一种游戏，在现代物理学中恰恰就是依靠这种抽象的几何学去解释真实世界的.

人们的直观并不是不可改变的，科学的发展始终在改变着它. 当人们发现了地球并不是一个平的圆盘，因而必须说明在地球彼面的人是如何颠倒着行走时，人的直观就起了一个很大的变化. 如果现代物理学逐渐变得不那么高不可攀，而成为一种普通知识，那时具有 Euclid 直观的人就可能不再是大多数了，而今天被认为是一种抽象游戏的几何学就将成为真实的几何.

关于四度空间的附录

我愿意再次回顾模型的概念,我们曾经用一个圆在欧氏平面上圈出一部分的办法,在 Euclid 几何系统中构造了一个 Bolyai 几何的模型,此时 Bolyai 几何学中的任意一条定理,都对应着这个圆内的 Euclid 几何意义下的可证定理. 在用代数的形式构造几何模型时,我们也曾遇到过一个学科的两个分支之间的这种联系,点对应于数对,线对应于含有两个未知数的方程. 我们在代数中划分出了这样的部分,其中每个几何图形都可表述为一个代数的表达式,而且每个几何定理对应着一个代数定理,如此,我们就能用代数方法去证明几何定理,反之,也可用几何的结果去检验曲线所代表的函数的性质.

所做的讨论还都限于平面,理应把它们推广到三度空间中去. 在三度空间中,点是由三个数来确定的(如果一个鸟窝位于一棵树的顶端,为了精确地确定它的位置,就需要知道这棵树的高度,即为了够得着它,究竟要带多长的梯子),因而空间中的图形将对应着含有三个未知数的方程,我们可用 x、y 和 z 来表示这三个未知数. 假如我们正在讨论下述方程

$$z = 3x + 2y$$

则立即可以看出,z 的值依赖于 x 和 y 的值的选取,这种函数称为二元函数(在日常生活中,我们经常遇到这种函数,例如,人寿保险的金额依赖于保险的年限和投保金额的总数). 任何有关三度空间中的图形的可证结果均可借助于二元函数来表述.

当然,并不因为我们现在所讨论的是三度空间,从而就要一切从头开始. 平面几何中的大部分定理可以直接推广到三度空间. 例如,在平面上求出一点到原点的距离的方法是这样的:

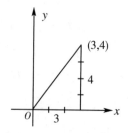

所要求的距离就是这个直角三角形的斜边的长度,而另外两条直角边

就是所说的点的坐标,按毕达哥拉斯定理可知,斜边的平方等于直角边的平方和,从而,这里所求的距离将是

$$\sqrt{3^2+4^2}$$

可以证明,空间中用坐标$(3,4,5)$来表示的点与原点的距离为

$$\sqrt{3^2+4^2+5^2}$$

由平面的情形到三度空间的推广,许多情形都是如此容易的.结果关于一元函数的很多定理也就可以简单地推广到二元函数.

当然,我们还可以推广到 $3,4,\cdots$,甚至任意多个变元的函数.然而遗憾的是,尽管我们能从二度空间过渡到三度空间,但我们的直觉却无法超出我们的三度空间,因为在直觉上不存在可以过渡过去的四度空间.但在另一方面,代数模型却允许人们设想存在着四度空间那样去行事.例如,我们可以把四元素组$(3,4,5,6)$称为一个点,而把数

$$\sqrt{3^2+4^2+5^2+6^2}$$

叫作这个点到原点的距离.我们还可用同样的方式对这些数进行研究,就像那些数是对应着真实的点一样,而且我们还可以想象出那些可证的关于三元函数的定理.当然,我们能够验证,用这种虚构的方法得出的定理在事实上是真的.这就证明了对于四度空间的设想是有意义的,虽然它在事实上是不存在的.

用类似的方法,我们还可以引进 $5,6,\cdots$,甚至无穷维的抽象空间.我们的出发点乃是我们所熟悉的三度空间,而我们的目标则在于研究函数性质方面的可应用性.

这些已不再是熟悉的概念了.多维空间中的点,只是一种理想元素,它们来自想象的世界.而且,如果我们愿意的话,它们将再次消失,并留给我们那些可靠的结果.对此,即使没有这种理想对象的介入也是真实的.

十九　建筑物的基础

　　伟大的批判时期的活动之一,乃是从已经获得的结果中抽出它的内核以及对于定理条件的澄清.简言之,就是实行公理化.这也就给每个数学分支划定了范围.从而我们把数学的这些部分视为这样一个统一的整体,它得以从确定的公理组出发而获得演绎.

　　回顾我们已经走过的道路,我们注意到有些思想在不同的地方反复出现.换句话说,存在着这样的思想,即使在系统化之后,它们也并没有受到限制,仍然出现在数学的各个分支中.如此,我们就遇到了另一种可以从事的活动,那就是将那些广泛地在各个场合出现的成分抽出来,使之成为我们特定的对象.

　　例如,可以回想起在有理数的范围内,乘法和除法(以 0 为除数除外)均可进行,并且所获结果总是有理数.在此意义下,如果我们把 0 排除在外,则有理数集就构成了关于乘法和除法的一个封闭的群.整数就不具有这种性质,因为它对除法是不封闭的.

　　整数和有理数对于加法与减法都构成封闭的群,在此意义下两者是类似的.当然,我们必须把正的和负的整数都考虑在内,如此对于加法与减法运算就确实是封闭的,甚至无须把 0 排斥在外.

　　为了构成一个对于某些运算封闭的群,并非一定要有很多的数,例如我们仅考虑如下两个数

$$+1, -1$$

对它们可以任意进行乘法和除法的运算,而所获的结果却总是 +1 或 -1.

　　这种思想并不限于数的运算,让我们回忆一下向量的运算,它们

对于向量的加法运算,就构成一个封闭的群,因为两个向量相加的结果仍然是一个向量.

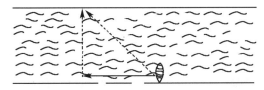

当然,这种运算只有在比喻的意义上才称之为加法,事实上,我们所讨论的是运动的组合和力的组合.

我们还可给出很多类似的例子.

关于"群"这一概念——它独立出现在许多不同的场合——的研究已被证明是富有成果的,群论是近世代数的核心,并在现代的物理学研究中取得了应用,各种各样的几何亦可视为各种各样与之相应的群的理论.

群本身又是一种具有某种特殊性质的"集合"."集合"的思想也是在数学的各个分支中所经常遇见的,只要我们谈到数学,几乎总是不可避免地要谈到点的集合、数的集合或某种类型的函数的集合.

Cantor 把集合的思想作为自己的研究对象,"集合论"在很大程度上是他所创建的.

让我们回顾一下,我们曾经论及过有理数的集合,以及直线上和它相对应的点集,且知该点集中的每个点都是聚点.这是点集论中最重要的概念.如果一个点的任意小邻域中总包含着该集合的其他点的话,我们把该点称为一个集合的聚点.

我们已经遇到过一些集合论的方法,可通过一个举例来提醒这一点.自然数的集合是一无限集:

$$1,2,3,4,\cdots$$

并且是处处不稠密的,它们是以单位间隔的方式增长的.现在让我们把一个无穷集合嵌入到一个有穷区间中去,例如

$$1,\frac{1}{2},\frac{1}{3},\frac{1}{4},\cdots$$

就都位于 0 和 1 之间.因此,在这一有穷区间中必有一聚点.

这一事实可以更一般地证明如下:今设某一无穷集合的每个点都位于 0 与 1 之间,但不必去问这些点究竟落在何处.

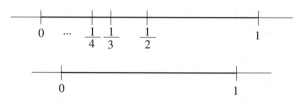

让我们把这一有穷区间平分成两半,那么这两个半区间中至少有一个包含着该集合中的无穷多个点.因为若设这两个半区间都只包含有穷多个点的话,譬如其中之一含有 100 万个点,另一个含有 1 000 万个点,那么合起来也不过 1 100 万个点,虽然这是一个很大的数目,却仍然是有限多个点.就前面所举的那个具体例子来说,显然有无穷多个点位于左半区间.

现在让我们着眼于包含着该集合中无穷多个点的半区间.如果两个半区间都含有该集合中的无穷多个点时,则可任选其中的一个作为我们的新区间,假设这一新区间是:

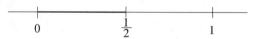

我们可以在这一新区间上再次重复上面的论述,使之过渡到这个新区间的一个半区间上,即再次过渡到那个包含该集合的无穷多个点的半段上.

按此类推下去,我们就得到一个线段组,这个线段组中的线段是一个套着一个,并且越来越小,在我们的具体例子中,则将得出:

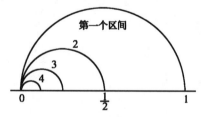

易见上图中这些区间的长度趋近于 0.在此我们再次遇见了那个有趣的一层又一层地包起来的纸包,在这纸包的中心是一个拧紧了的纸团.就我们所讨论的情形而言,所有的区间亦有一个公共点,这个点必然就是该无穷集合的聚点,因为在其任意小的邻域中,总可找到所说的一些区间,只要它们比这一邻域还小,而这些区间中的每一个都包含着该无穷集合的无穷多个点.

　　现在我们已经达到这样一种令人眩晕的知识高度,以致我们能回答数学家是如何捕获狮子的问题了.实验物理学家捕捉狮子的方法是众所周知的,甚至毫无经验的人也能理解和掌握这种方法,那就是把整个撒哈拉大沙漠倒在筛子上,从筛子孔中漏出去的是撒哈拉大沙漠的沙子,而剩在筛子里的就是狮子.然而数学家却是运用如下的巧妙方法去捕捉狮子的.

　　必须区分如下两种不同的情形:

　　情形(1)　狮子是不动的.

　　我们必须准备一个开口朝下并且足以容纳这个狮子的网罩.然后把撒哈拉大沙漠划分为相等的两个部分,那么狮子必然在某一部分中(如果它在分界线上,就同时在两个部分中),再把狮子所在的那部分分为两半,我们的狮子至少又将处在其中的一部分上,我们以此类推地把这种平分的过程继续下去,这就将得到一组一个套着一个的而且越来越小的区域,从而迟早要获得一个比网罩的底还要小的区域,并且狮子是必然在这个区域中,于是我们就可把网罩罩住并捕获了这狮子.

　　情形(2)　狮子是走动着的.

　　那么,上述方法对此情形是不适用的.

　　对于点集,我们就讲这么多.

　　我们早已遇见过集合论中的一些证明方法,其应用范围远不限于点集论.例如,借助于配对的方法,我们证明了自然数和有理数是一样多的(虽然无理数的个数要比有理数多),这种配对的方法也可应用于其他类型的集合.如果我没有记错的话,我们正是从男舞伴与女舞伴的集合出发,最终过渡到那些较为抽象的集合的.任何有关数集的论述,对于舞伴集、实数集,甚至对于所有英语语句所构成的集合,也将是同样有效的.Cantor 正是从这种一般的角度对集合进行论述的.他曾证明了一整套关于超穷数的重要定理,即把有穷数的概念推广到了无穷.例如,他证明了不仅有自然数和实数这样两种类型的数,而事实上,不论对于什么数集来说,我们总能获致一个具有更高数量级的集合.诗人 Babits 把这些越来越高的数叫作"无限登高的战斗".Cantor 对这些超穷数引进了一些运算,即如加法和乘法.在这方面,他多少有点模仿有限数的运算. 现在,我们才真正遇见了这样的对象,对此可称之为在大范围内进行的游戏,即关于无穷的游戏. 在这里,人类智慧看来已经达到了它所能达到的最大高度.

然而正在这个时候,整个建筑物开始动摇了.

数学历来被认为是最保险的,但在 19 世纪末,正是在数学发展到最大高度的时候,却在集合论中揭示出一堆矛盾,以致数学露出了马脚.

对于这些矛盾,让我们来考查其中最有分量的一个,即 Russell 悖论. 首先让我们考虑关于 Russell 悖论的一个众所周知的有趣形式.

我们可让军队中的某一理发师做出如下的约定:他必须给同伴中每个不给自己刮胡子的人刮胡子;然而,为了节约时间,他不给那些自己给自己刮胡子的人刮胡子. 但问题在于:这理发师士兵该不该给自己刮胡子呢?

如果他给自己刮了,那么他就属于那些自己给自己刮胡子的士兵中的一个,按其约定,他正不应该给这种人刮胡子.

如果他没有给自己刮,那么他就属于那些自己不给自己刮胡子的士兵,按其约定,他正应当给这种人刮胡子.

他究竟应该怎么办呢?

当然,对于这种笑话,表述问题的方式是不够精确的,现在让我们转到正式的 Russell 悖论上来.

一个集合通常不是它自身的元素,例如,自然数集合的元素是自然数而不是集合. 因此,自然数集合本身作为一个集合而言,就绝不是它自身的一个元素.

当然,集合也可以是集合的元素,例如我们可以想象一切可能的数集,并把所有这些数集汇集起来构成一个集合,那么自然数集就是该集的一个元素. 又如小于 10 的数的集合也是它的一个元素等. 总之,该集的每个元素都是集合,但它本身却并不是它自身的元素. 因为它的每个元素都是数集,而它本身却是由一切数集构成的集合.

现在让我们把所有可能的集合构成一个大全集,这就得到了一个本身分子集的例子. 这是很明显的,因为那个大全集本身也是一个集合,而每个集合都应当是它的元素.

对于那些认为搞这些名堂实在令人头痛的人而言,也可不必去过问这些,因在往后的工作中可以避开它,只要认为正常的集合是不会出现这种怪现象就可以了.因此,我们把所有非本身分子集称为"正常的".此处根本没有必要去考虑是否还有别种集合的问题,只是让我们设想把所有的正常集合构成一个大集合.

问题在于如上所获之大集合是不是"正常的"?

如果它是正常的,则它就必须和其他正常的集合一样,从而也是这个大集合的元素,但这就将使得这个大集合成为不正常的了.

如果它不是正常的,那它就不可能是这个大集合的元素,因为大集合的每个元素都是正常的.既然它不是这个大集合的元素,则这正表示它是正常的.

因此,如果它是正常的,则它是不正常的;而如果它是不正常的,则它又是正常的.不论哪种说法,都使我们导致矛盾.

对此真不知如何是好.

认为集合论是匆匆忙忙地发展起来的说法是无济于事的.当然,我们也可抛弃这一切,重新回到数学的较为安全而平凡的各个分支中去;然而我们已经知道,集合论是如何创建起来的,而且正由于在数学的各个分支中都能找到集合的思想,从而只要集合论有问题,那么任何地方都可能有问题.

这一震动至今还在影响着我们.

面对这种情况,数学家所采取的态度,类同于大家面临持续危险时所常有的态度,那就是大多数人压根儿不再去想这些,各人依然在继续着他自己的工作.如果有人偶然提到这一危险时,他将采取一种不屑一顾的样子,而且往往伴有一种轻微的神经质的反感.

当然,亦有少数人是想力图解决这一问题的.

很自然地,首先应当在 Russell 悖论本身中去寻找问题.Russell 本人认为,在悖论中所出现的集合的定义方式是错误的.这种定义方式是一种恶性循环,因为被定义的集合被包含在用以定义它的对象之中.只有当我们能事先确定如此构造出来的集合是否为正常的,并能判定它可否视为正常集的集合的一个元素时,我们才能把所有的正常集组成一个集合.

不幸的是,在数学的每一分支中,几乎处处都可看到这种恶性循环.例如,对某一自然数,按如下方式去下定义是很自然的:"让我们考虑具有这样那样性质的自然数中最小的一个",这个数当然出现在用以定义它的对象中.我们可以在具有所说性质的这些自然数中找到这个最小的自然数,它当然是在它们之中的.

更为激进的挽救办法是直觉主义的方法(在这里,直觉主义这一名称并不是很恰当的,但也不必再为这一名称的精确含义而费心了),直觉主义的历史比悖论的历史更长.然而悖论的出现却给直觉主义的支持者们以新的活力.新直觉主义的名称是和 Brouwer 的名字联结在一起的.他拒绝承认迄今所建立起来的全部数学,而力图在一个更为可靠的基础上,重新建造数学大厦.他仅仅接受那些在某种意义上是可构造的东西.因为一旦我们构造出了某种东西,那么它就无可否认地存在在那里,任何悖论都不能使它不存在.他拒绝那种纯粹的"存在性证明."例如,有关代数基本定理的古老证明,因为它并没有给出构造方程根的方法.Brouwer 是不和"实无限"打交道的,因为所能实际构造出来的对象,至多只是集合中的有限多个元素,虽然这种构造手续是可以无止境地延续下去的.按照他的观点,一个无穷集合只是"潜无限",它永远处在生成状态中,因而永远不可能被看成是一个完成了的过程.

如此,在以上方式下所保存下来的数学就仅仅是古典数学的废墟,并且由于在任何情况下都要符合构造性的要求,那些得以保留下来的东西也已变得令人可怕的复杂.

只有 Hilbert 的挽救方法才可视为是现实主义的.这一努力的意义已经超出了为解决上述危险的原有目标,且在其中产生了数学的一个新的和富有成果的分支.对于这些发展的情况,我们将在下面做进一步的讨论.

二十　形式的独立性

　　读者千万不要认为,集合论至今还有悖论,因为当把原来的朴素集合论加以整理并使之公理化(正是悖论才使得这一工作变得更为紧迫)之后,数学家借助于对集合这一概念的使用和基本条件的规定,很小心地加以足够的限制,以致成功地保留了集合论中所有有价值的部分,同时排除了那些能够带来麻烦的集合.然而这是一种过于做作的做法.正如 Poincaré 所指出的那样,在羊圈周围建造一道篱笆,乃是为了使羊免遭狼害,然而又如何能知道,有没有狼已经隐藏在篱笆中的某个地方呢? 在这里没有任何防止出现新矛盾的保证.作为我们时代的最伟大的数学家之一,Hilbert 在他一生的最后 20 年中,对自己提出了这样的任务,要求对公理系统这一篱笆内的每个角落进行搜查.他认为我们关于恶性循环的定义、纯粹存在性的证明和实无限概念的忧虑是有道理的,其中可能潜伏着某种危险.但是我们为什么又总不能抛弃这些带有危险性的超穷数概念呢? 超穷数的概念看来确已超出了有穷思维的范围.除掉那些特别牵强的理由之外,其之所以还要保存它们的一个很好的理由,乃在于我们不愿抛弃那些能够建立综合性理论的概念,因为只有借助于它们,才能发现那些彼此相距很远的领域之间的联系.这一事实也可从直觉主义数学之所以沦落到如此狭小而支离破碎的境地中看出.从而大家总不愿放弃这些危险的概念,因为这些危险的概念能把全部数学融合为一个统一而伟大的大厦.

　　超穷的工具在逻辑学中所起的作用,就像直线上的无穷远点,或者像"i"在数学中所起的作用是一样的.我们可以把它视为逻辑学中的"理想元素".我们应按对待数学的理想元素那样来对待它们,而且当它们一旦被证明为有用,甚至被证明是何等有用时,我们就加以引进;然而应当仔细检查,它们是否会和我们已经建立的程序相矛盾,因而面临的任务也就是检查超穷过程的相容性.

所以 Hilbert 规划就是要对逻辑本身在数学中的应用,也即要对演绎和证明等做出检查.为此,首先要从这些概念中清除种种可能的含糊性.这种含糊性是由那些不精确的自然语言的表述形式所造成的,因而我们要从其中抽取其毫不含糊的、纯粹的形式.

只有当我们不再停留在 5 个手指或 5 只苹果或 5 句语句等说法,而开始考虑它们所共有的形式时,我们才有可能在精确的意义上对数进行检验,而这种共同形式就是用符号 5 来表示的数量.如果我们要对命题进行检查的话,则就必须抛弃它们的内容.例如,在诸如"2×2＝4""过两点只能作一直线""雪是白色的"等命题中,我们所感兴趣的是它们的共同点,其共同点也就是它们都是真命题这一事实.我们可以引进一个新的符号↑来表示真.而诸如"2×2＝5""二直线交于两点""雪是黑色的"等命题的共同的逻辑值在于它们都是假的.今以符号↓表示假(就像在古罗马的角斗场中,人们以翘起大拇指表示生,而朝下的大拇指则表示死).

在数学中,我们只对这样的命题感兴趣,这种命题被假定为取这两个逻辑值中的一个(换句话说,它们或为真,或为假).

此处我们将建立起一种比自然数的算术还要简单的算术,因为自然数有无限多个,而这里总共才有两个值,故要写出其各种运算表是十分容易的.

我们即将对逻辑运算进行讨论,即讨论不同命题之间的联结,而联结词在数学中是随时可以遇见的.

任何数学家,只要他不是对各种语言都是精通的,就能以一种十分简单的方法去发现联结词.他只要选一本是用他所不懂的语言所写的数学书,并注意那些在他阅读时必须查字典的词汇,他就会惊奇地发现,一旦他学会了以下的一些表达式:"非""且""或""如果……那么……""当且仅当""所有""存在""那个",这时他就会感到他不是在读外文书,因为这时他已能很好地理解每一件事.当然,公式在任何情况

下都是全世界统一的,而有关文字只不过是为了加强语气,它们并不
是绝对必要的,但如上所列举的那些逻辑联结词的表示式却是必
要的.

例如,"非"这一词汇的运算表示什么? 这是特别简单的. 一个真
命题的否定(例如,"2×2 不等于 4")显然是假的;一个假命题的否定
(例如"2×2 不等于 5")则显然是真的. 因此,"非"的运算表就是

$$非 \uparrow = \downarrow$$
$$非 \downarrow = \uparrow$$

通常我们用如下的符号来表示"非"这一词汇:

$$\sim$$

例如

$$\sim(2 \times 2 = 5)$$

就是 $2 \times 2 = 5$ 的否命题. 按照这一符号的记法,关于"非"的运算表
就是:

$$\sim \uparrow = \downarrow$$
$$\sim \downarrow = \uparrow$$

我们将同样容易地给出相应于逻辑运算"且"的运算表. 如果我们
用"且"去连接两个真命题,则所得命题也是真命题. 例如,"2×2 等于
4 且过两点只能作一直线"是真的,因此

$$\uparrow 且 \uparrow = \uparrow$$

然而只要有关命题中有一个是假的,则所获命题也是假的. 即如命题
"2×2＝4 且 2×3＝7",尽管其中有一部分是真的,但它是假命题. 当
然,如果用"且"把两个假命题联结起来而获的命题也是假的. 因此,关
于"且"的运算表就可继之给出如下:

$$\uparrow 且 \downarrow = \downarrow$$
$$\downarrow 且 \uparrow = \downarrow$$
$$\downarrow 且 \downarrow = \downarrow$$

至此已经列举了各种可能性. 这是一个很好的乘法表,它比任何一种
代数乘法表都要简单.

如何给出"或"的运算表呢? 首先要弄清楚我们所考虑的是哪一
种"或",因为在这方面语言的表示式是很含糊的.

"或为我们的信仰战斗到最后一人,

或者我们的信仰得到维护."

以上两件事中至少有一件事会发生,但不会同时发生.因为两者是互相排斥的.

"如果我们把撒哈拉沙漠平分为两部分,则狮子或者在这一部分上,或者在那一部分上."但若狮子正好位于分界线上的话,则表示既在这部分上又在那部分上.

"一个人或者在吃东西,或者在说话".这两件事也是互斥的,但也可以两种情况都不发生,因为他可用嘴巴去干别的事,例如根本不开口.

在数学中的"或",往往是在第二种意义下予以使用的,也即当以"或"联结的两个命题中至少有一为真时,就认为所获命题是真的.这就把两者皆真的情况包括在其中了,即只排除两者皆假的情况.因此,关于"或"的运算表就是:

$$\uparrow 或 \uparrow = \uparrow$$
$$\uparrow 或 \downarrow = \uparrow$$
$$\downarrow 或 \uparrow = \uparrow$$
$$\downarrow 或 \downarrow = \downarrow$$

一旦获得了这种运算表,则就可把它视为逻辑运算的"或"的定义.在此已经清除了这一词汇在语言上的含糊性,亦即这一联结词从此就不再是含糊的了.如果采用另外两种意义下的"或",则亦可按如上的方式同样精确地给出它们的定义.

显然还有一些运算规则,例如,对"且"和"或"这两种运算来说,被它们联结的两个命题总是可交换的,就像是两个乘法因子一样.

我并不准备对这一主题做完整的讨论,虽然要做到这一点是不费工夫的,因为总共只有两个逻辑值,各种可能的情况是不会很多的.

我宁愿与读者共同讨论如何在此进行算术游戏的问题.例如,我们知道可用指数相加的方法进行同底幂的乘法,那么在逻辑运算中是否亦有类似的关系呢?

不妨从大家所喜爱的侦探小说中选一例讨论,让我们从以下情况中去发现谁是凶手.

在一桩谋杀案中有两个嫌疑犯 Peter 和 Paul. 有四个证人正在受到讯问. 第一个证人说：

"我只知道 Peter 是无罪的."

第二个证人说：

"我只知道 Paul 是无罪的."

第三个人的证词是：

"前面两个证词中至少有一个是真的."

第四个证人最后说：

"我可以肯定第三个人的证词是假的."

通过调查研究, 已证实第四个证人的证词是真的, 现在问凶手是谁？

让我们一步一步地倒回去进行分析. 因为第四个证词已证实为真, 故第三个证人所提供的是伪证, 从而说第一与第二两个证词中至少有一为真的说法是假的, 即两者都不真, 亦即 Peter 是无罪之说是不真的, 同样说 Paul 无罪也不是真的, 从而 Peter 和 Paul 都是凶手, 亦即他们是一伙的.

现在让我们致力于抽取这一论证过程的逻辑内核, 至于证词的具体内容在这里是无关紧要的. 我们必须把它们的逻辑值视为未知的, 因为我们不知道它们究竟是真是假. 设第一与第二个证词的逻辑值分别为 x 和 y, 第三个证人说在这两个证词中至少有一个是真的, 用符号来表达时 (因为我们的"或"所表示的就是至少有一为真) 即为

$$x \text{ 或 } y$$

是真命题. 第四个证人对此否定, 否定符号为～, 因而按照第四个证人观点, 则

$$\sim(x \text{ 或 } y)$$

为真, 当我们对这一情况进行分析考虑时, 我们将得出结论, 这一说法与同时否定第一与第二个证词的说法是等价的, 而这一说法就是

$$\sim x \text{ 且 } \sim y$$

为真. 从而这一论证的内容就表示不论 x 和 y 是真是假, 命题

$$\sim(x \text{ 或 } y)$$

完全等价于

$$\sim x \text{ 且} \sim y$$

如此,我们就从联结词"或"过渡到了联结词"且",反之亦然.

当然,通常不是通过笑话来获致这种关系的.它们的真实性可以通过十分机械的方法予以检查.我们可以分别取 x 和 y 为 ↑ 与 ↓ 值.然后再去考虑如上两个命题是否总有相同的值.现把仅有四种可能情形列举如下:

(1) x 和 y 两者都取 ↑ 值,

(2) x 取 ↑ 值,而 y 取 ↓ 值,

(3) x 取 ↓ 值,而 y 取 ↑ 值,

(4) x 和 y 都取 ↓ 值.

让我们对第一种情况加以检查,即当 x 和 y 都取 ↑ 值时,问命题

$$\sim(x \text{ 或 } y)$$

的逻辑值应该是什么? 按照"或"的运算表(无须分析而只要查看)即知

$$↑ \text{ 或 } ↑ = ↑$$

于是我们有

$$x \text{ 或 } y = ↑$$

从而我们面临的就是这样一个命题

$$\sim ↑$$

再按"非"的真值表即知 $\sim(x \text{ 或 } y)$ 的逻辑值应为

$$↓$$

那么,如果 x 和 y 都取 ↑ 值时,命题

$$\sim x \text{ 且} \sim y$$

的逻辑值是什么呢? 在此情况下

$$\sim x = \sim ↑ = ↓$$

且

$$\sim y = \sim ↑ = ↓$$

因而我们所论的命题就是

$$↓ \text{ 且 } ↓$$

再按"且"的运算表可知 $\sim x$ 且 $\sim y$ 的逻辑值同样亦是

$$↓$$

　　按照同样的方法可以证明在其余三种情况下,这两个命题也具有相同的逻辑值.

　　我们还可以进行代数运算,即考虑一个命题,对此实行各种逻辑运算,并说出我们最终所获命题是真是假,然后请别人去求出我们作为出发点的命题究竟是真命题还是假命题.下述类型的游戏在这里是特别重要的:

　　"考虑一个命题,用'或'将它和它的否命题联结起来,无须你告诉我任何东西,我总可断言,所获命题必定是一个真命题."我们可用如下方式将所说的事实陈述出来,假设所考虑的命题是 x,故其否命题为 $\sim x$.那么两者用"或"联结而成的命题便是:

$$x \text{ 或} \sim x$$

我们的结论是,无论 x 是真是假,上述命题必然是 ↑.现在我们来证明这一事实.

　　如果 x 的逻辑值是 ↑,按"非"的运算表可知:

$$\sim x = \sim ↑ = ↓$$

因而我们所讨论的命题便是

$$↑ \text{ 或} ↓$$

依据"或"的运算表,读者可查出该命题之逻辑值为 ↑.

　　另一方面,如果 x 的值是 ↓,那么按照"非"的运算表即知 $\sim x = \sim ↓ = ↑$,因而我们所讨论的命题就是

$$↓ \text{ 或} ↑$$

按"或"的运算表即知此命题的逻辑值也是 ↑.

　　因此,就存在这样的复合命题,它与它所包含的命题无关,它永远是真的.这就是说,它的逻辑值既不依赖于支命题的具体内容,也不依赖于支命题的逻辑值,其所以为真,完全是由于它们的逻辑结构.我们称它们为逻辑恒等式.这类命题在数学领域中起着核心的作用.

　　现在我们这样来继续我们的游戏.我们不再假定命题是未知的了,而只是假设命题的主语没有给出.例如,"我想着这样的一个数,它是一个偶数,现让我们对这一命题进行运算."我们可把所说的命题表示为

$$\text{"} x \text{ 是偶数"}$$

这一命题是真是假取决于 x 是什么. 例如, 当 $x=4$ 时, 它就是真的; 如果 $x=7$, 则它就是假的. 因此, 我们所讨论的是这样一种命题, 其逻辑值是 x 的函数, 如此我们就导致了逻辑函数(项)的理论.

我们没有理由不去考虑多变元的逻辑函数. "我想着这样的三个点, 它们都在同一条直线上." 我们可把这一命题写成:

"x,y,z 在同一条直线上"

其逻辑值取决于点 x,y,z 的选择, 如果这三个点是这样的:

$$\overset{*}{x} \qquad \overset{*}{y} \qquad \overset{*}{z}$$

则它就是真的, 如果这三个点是

$$\overset{*}{x} \qquad \overset{*}{y} \qquad \overset{*}{z}$$

则它就是假的. 此处必须注意, 未知对象的选择并非完全任意的. 在第一个例子中, 必须在自然数域中选取, 而在第二个例子中, x、y、z 必须选自平面或三度空间中的点. 对此我们已在函数定义域的讨论中遇见过了. 在那里必须具体地说明未知数的取值范围, 此处我们把这种取值范围叫作所讨论的函数的论域.

现在我们必须引进一些更为危险的运算, 同时把这些运算运用到逻辑函数中去. 例如, "所有"这一词汇就是其中之一, 让我们把这一运算应用到第一个逻辑函数中去:

"所有的 x 都是偶数"

(自然此处的 x 必须选自自然数域.) 显然, 我们所得的是一个假命题, 因为立即可以给出反例, 例如 5 就不是偶数, 因此

"所有 x 都是偶数" $=\downarrow$

另一方面, 如果把词汇"存在"用于我们的函数上, 则获得一真命题:

"存在 x,x 是偶数"

因此

"存在 x,x 是偶数" $=\uparrow$

我们可以看出"所有"与"存在"代表了这样的逻辑运算, 当我们把它们应用于逻辑函数时, 就得出了具有确定逻辑值的命题. 在我们的举例中, 以"所有"开始的命题具有 $\downarrow$, 而且这与 x 完全无关; 而以"存

在"开始的命题具有↑.

这些新的运算带来了超穷元素.如"对论域中的一切元素而言,某些是真的",如果论域是无穷的,即如自然数集或平面点集那样,则我们是在把它们设想为已经完成了的对象那样去讨论无穷的.又如"在无穷论域中有一 x",则我们就像能找遍一个无穷论域,并能从中发现我们所要寻找的 x 一样.前述命题分别是关于"实无限"的命题和"纯粹存在性"命题."存在性"命题表明了某一元素具有某种性质,但却没有具体地构造出这一元素.理想元素就是这样进入逻辑学的,而这些理想元素只有在相容性问题得到证明以后,才能获得真正的公民权.

逻辑函数理论的命题,可以用与恒等式

$$x \text{ 或} \sim x$$

同等的精确方式来表述.为了从纯粹逻辑命题中消除任何可能的由语言的不精确性而引起的含糊性,最好的办法是引进符号,借以取代平常使用的、含糊的词汇,正如我们在讨论"非"这一词汇时所做的那样.具有世界语性质的符号逻辑著作就是这样诞生的,其中任何一页都没有文字的出现,而主要是由符号组成,专业工作者能从这些符号中理解它们的含义,就像音乐家在阅读乐谱时就能理解其曲调一样.

Leibniz 最早提倡去构造一种纯粹的、精确的逻辑语言.在这以后,许多学者进一步发展了这一工作.最后,由于 Hilbert 和他的同事 Bernays 的工作,逻辑符号语言成了今天那样完美而灵活的工具.借助这一工具,使得数学的演绎方法获得了如此精确的形式,以致其本身也成为数学研究的对象了.

二十一　等待元数学的判定

现在已是考虑数学领域中被精确划定了的数学分支的无矛盾性的时候了.

我们已经知道划定数学分支的方法:我们必须对有关定理所应满足的基本条件(公理)有所了解,然后我们可以说,知识的这一分支,乃是由这些公理出发,经由演绎而获的命题组成的.

我们可用符号逻辑的语言去写出这些公理,如此,就使之成为数字与逻辑符号的某种结构,从而就不再有任何可能的含糊性潜伏于其中了.

我们还要对另一件事做仔细检查,即必须弄清某定理能由公理演绎而得究竟是什么意思? 说得明白一点,我们必须十分认真地对演绎的每个步骤加以澄清.

当我们从一个命题的正确性推演出另一命题的正确性.并把这一推演过程按符号语言写出来时,我们实际上就是从一个符号序列过渡到另一个序列.让我们暂时回到方程的求解中去,它也是由这样的步骤组成的.例如,从符号序列

$$\frac{5x}{2}+3=18$$

过渡到

$$\frac{5x}{2}=15$$

是有用的.在做这种变形之前,我们曾对此做过仔细考虑并得出结论,即加 3 以后成为 18 的数必为 15. 但是,我们注意到,从形式上说,这两个符号序列之间的区别,仅在于第一个序列中加 3 这一项,而在第

二个序列中却没有,并且第二个方程右端的数比第一个方程右端的数小 3. 由此我们得出这样的形式规则,可把一个加项从方程的一边移到方程的另一边而成为一减项;并且在这以后,我们就毫无顾虑地直接使用这一规则而不再做任何认真的考虑. 如此,那种具有实际内容的演绎过程,在此方式下就变成一种机械的"游戏法则",也即"某些符号得以在某种确定的变换中移过来移过去",这就像国际象棋的游戏规则一样,诸如,王可在任何方向上走一格.

这就是我们由公理出发进行演绎时,在一般形式下所做的事. 在我们注意到与演绎过程相对应的符号序列变形过程之后,我们就直接应用这种变形过程而不再考虑它的内容.

最终,我们甚至不去考虑我们所研究的究竟是数学中的哪一个分支. 可以这样说,我们所给出的只是一些无意义的符号序列(称之为公理)和一些游戏规则,它告诉我们从一个符号序列出发,可以获得怎样的符号序列(我们称之为变形规则或演绎规则). 这种定理和证明的系统在数学家手中,就像数学本身在数学家手中一样地变得非常驯服和软弱,以致那些已经很好地建立起来的数学方法也可应用于其上了.

然而,对于这些方法,我们却不能像游戏规则那样机械地去应用,必须对每一个演绎步骤都细心地进行检查其中是否已经潜伏着危险的因素. 在任何时候都不能忘记,我们的目的乃是对超穷元素在知识领域中的应用加以检验. 因此,如果这一危险成分已经进入检验本身的话,那么这种检验也就毫无意义了. 这就是说,用以检验的工具本身首先要绝对可靠,以使最偏激的直觉主义者也不能拒绝它们.

数学正是在这里一分为二了. 一部分是完全的形式系统,其中以形式的变形规则取代了演绎;另一部分是一种超数学,通常称之为元数学. 对元数学中的每一步骤的内容都要认真考虑,并且只准使用没有危险因素的方法. 元数学多少地是居高临下地来对形式系统加以检验的,而其基本目的在于证明各个数学分支的无矛盾性.

但是,如果我们希望依靠变形规则去发现能否得出矛盾的话,则是否能认为无须再对系统中命题的内容做检查呢? 我们会很自然地想到,也许导致矛盾的根源就在于命题的内容而不是它的形式.

如下的事实可帮助我们克服这一困难:这里只要考虑一个单独的

矛盾就可以了.例如(如果自然数属于这一系统的话)

$$1=2$$

这一简单的符号序列可视为一个形式符号序列,这样一个仅由一个1、一个2以及一个等号所构成的序列就代表一个矛盾,别的就什么也不需要了.我们曾经遇到过证明1=2的可笑方法.而且我也曾告诉过读者,一旦得出了矛盾,那么任何命题都可证明,其中也包括1=2在内.因此,只要能证明在系统中不可能证明1=2就可以了,因为此时即可确信,没有任何其他矛盾再能按任何方式渗透到系统中来了.

因此,元数学的问题就可以十分精确地表述为:要证明从称之为公理的原始符号序列出发,应用规定的变形规则,永远不会得出1=2.

Hilbert 曾给出一些简单的例子,借以表明如何证明无矛盾性.他的一些学生曾把这些东西推广到更大的系统.而这方面的先驱者则是 Gyula König,他甚至早于 Hilbert,并且他还几乎把近代数学的各个分支都译为匈牙利文.

现在我们可以对知识的许多分支进行检查了,所有的工具均已准备好了.首先要检查的自然是自然数理论,看上去好像只要稍做努力,Hilbert 的想法就可扩展到整个数论,甚至包括所有那些在本质上是危险的概念.

但在此时却出了一些问题,正在缓慢而谨慎地成长为数学的一个新分支的 Hilbert 的"证明论",由于另一场暴风雨而动摇了.

年轻的维也纳数学家 Gödel 严格地采用证明论的方法证明了下述事实:数论的无矛盾性不可能用本身能在系统内形式地得到表述的方法进行证明(其证明过程将在最后一章中介绍).

让我们先来弄清楚这一理论的意义.元数学并不使用形式的工具,这就是说,如果我们是在元数学领域中进行工作的,那么我们就必须明确地认识我们所从事的是什么工作,而且应有意识地而不是机械地去从事我们的演绎工作.当然,也不能由此而得出这样的结论,认为要把这些演绎过程形式化是不可能的,特别是对于那些希望独立地进行这样的研究而根本不顾建立元数学目的的人来说,尤其是这样.在这方面走得最远的是 John Neumann,他的以下的说法已经成为一句名言:别的数学家所证明的是他们所了解的东西,Neumann 所证明的却是他想要证明的东西(他在 Bologna 的一个会议上还曾说过,"元数学的形式化工作不是一件有趣的事,但若给一盒巧克力,我就将完成它.").但是,如果我们的确已把元数学形式化了,那么,看来情况应该是这样的,我们如此细心地避免了危险成分而建立起来的元数学的演绎方法,能在一个比较狭小的结构中予以形式化,即这个结构要比那个被检查的、含有超穷元素的知识系统更为狭小.但是 Gödel 定理告诉我们,如果无矛盾性能够得到证明的话,所用的方法一定要超出被检验系统的范围.如果检查的方法来自一个比要检查的系统更广、更复杂的范围,那么谁还能对这种检查表示满意呢?看来证明论已告失败,我们只好关门回家了.

Hilbert 最初不相信这一点,他确信会有解救的方法,也即会有这样的演绎方法,它不属于被检查的系统的范围,然而却能在有限性思维方式的基础上把它建立起来,以致直觉主义者也不能不接受.

对于这种演绎方法的寻找,一开始就取得了成效.Gentzen 发现了以超穷归纳的形式表述出来的、为元数学所需要的工具,并且利用这一工具证明了数论的无矛盾性,从而自然数的羊群可以和平地生活了,再不用担心还有狼隐藏在它们中间了.

超穷归纳听上去确实令人不安,但在事实上,它的含义能用如下的、无害的论述来表达.

如果我们从自然数序列

$$1,2,3,4,5,\cdots$$

中的任何一个数作为出发点而往回走,显然,无论该数有多么大,在有限步以后,我们就能回到 1.即使我们从一百万开始而一步一步地往回走,那么在一百万步以后就将达到 1.

现在让我们把自然数序列重新编序,例如,把奇数放在前面,把偶数放在后面,排列如下:

$$1,3,5,7,\cdots;2,4,6,8,\cdots$$

如果在如上排序的情况下往回走,即依次去选择越来越靠近起首的数,则在有限步以后也就必然会到达起点.事实上,如果我们从某个奇数开始,则显然和如上所讨论的自然数的情形是一样的;如果我们从一个偶数开始,则用同样的方法首先能走完所要走过的偶数. 但在这以后我们所能选取的就只有奇数了,而一旦跳到某个奇数上,则无论这个奇数多么大,我们已经在一个单一的序列上运动了,而这也和前面所讨论的自然数序列的情况一样了.

当然,我们还可用更为复杂的方法将自然数序列重新排序. 例如,我们可以用把自然数分割为不同组合的方法对自然数序列重新排序如下:能被 3 整除的自然数,除 3 余 1 的自然数,除 3 余 2 的自然数(为整齐起见,让我们把 0 也包括在内):

$$0,3,6, 9,\cdots,1,4,7, 10,\cdots,2,5,8,11,\cdots$$

如果我们从第三组中某一数出发,则在有限步以后就必然会跳跃到第二组去,而此时就和上面所讨论的情况一样了.

我们也可以把自然数序列排成由无穷多个数组相接的形式,例如先分出一切奇数,再分出那些只能被 2 所整除的自然数,再分出那些只能被 2 的二次幂 $2^2=4$ 所整除的自然数,然后又分出那些只能被 2 的三次幂 $2^3=8$ 所整除的自然数,如此等等:

$$1,3,5,\cdots, 2, 6,10,\cdots,4,12,20,\cdots,8,24,40,\cdots$$

我们不必为具有无穷多个数组的情况担忧,因为只要我们从某一个确定的数出发,该数必然会在这样一个数组中,该组的前面只有有限多个数组.

在种种情况下,我们都已看到,往回走实际上就是从一种较为复杂的排序方式过渡到较为简单的排序方式. 因此,无论我们从怎样复杂的排序方式出发,我们总能逐步过渡到越来越简单的排序方式中去,而经过有限步之后,我们就能到达一个不具有任何复杂性的简单序列.

Gentzen 在他的证明中所使用的实际上就是这样的方法,他从一个比我们刚才所列举的还要复杂得多的排序方式出发,但我们也只要经过有限多个步骤就能重新回到起点. 这一论证对我们的有限性思维来说是不难设想的,但它超出了所考虑的系统的范围.

在无矛盾性的证明中又怎样使用这一工具呢?

所谓无矛盾性的证明通常是指这样的情况:如果有人从系统的公理出发演绎出一个矛盾,他就将给出一个从公理出发的. 并且借助于所允许的变形规则来进行演绎、并最终得出 1＝2 的证明,那么无矛盾性的证明就是要证明如上所做的那个证明是荒谬的. 就是说,我们必须在其中找出毛病来.

如果在这个证明中不包含任何危险的成分,那么我们肯定是可以把那个毛病找出来. 如果我们的出发点是正确的,那么你一定在某个地方弄错了,因为用人们普遍接受的证明方法是不会得出 1＝2 的结果来的.

但是,如果在证明中使用了超穷元素的话,那么,情况就不是很有把握了,因为所获矛盾很可能是由于超穷数的应用而导致的直接后果.

由于证明的最终结果是 1＝2,而这里没有任何超穷概念的影子,故在证明过程中,若曾使用过超穷概念的话,则就只能是如下的情况:即按理想元素的习惯用法,它曾经在证明过程中出现过,并起了某种作用,但后来又消失了. 因而这里的问题就在于能否去掉理想元素的使用而重新对此进行证明,就像某些三角公式既可借助"i"证明,亦可不借助于"i"而证明它一样.

若在证明过程中只有单个危险因素的出现,或者虽有几个危险因素同时出现,但它们却是互不相关而彼此独立的,那么,上述目标就是可以实现的. Hilbert 曾对此证明了,这种证明必可变形为无害的证明,从而我们就能立即发现证明过程中所存在的错误.

然而不幸的是,理想元素就像我们想象中的鬼怪一样地互相变换着,并且是以十分复杂的相互关系出现的,因而要在这种复杂的证明中消除超穷元素就不那么容易了.

Gentzen 注意到,在证明中所出现的复杂性与对自然数序列重新排序时所遇到的复杂性是类似的. 如果我们把 Hilbert 的方法应用于一复杂的证明,并不能消除超穷元素,但证明本身却变成了一种较为简单的演绎,就像从较复杂的自然数排序过渡到了较简单的排序一样. 而如果我们再重复 Hilbert 程序,并把它应用到那个较为简单的证明上去,那又将出现同样的情况. 我们已经知道,只要不断地由自然数序列的复杂排序逐步过渡到复杂性越来越小的排序上去,那么在有限步以后,我们就能达到一个没有任何复杂性的简单序列上. 因此,经过有限次应用 Hilbert 的程序,我们也就能获得一个没有任何复杂性的证明,即根本不包含超穷元素的证明. 在这样的证明中,我们就能立即发现其中的错误.

这是一个十分漂亮而又纯粹的数学证明,其结果也具有重要的意义:我们对于古老方法的信心,现在可以重新树立起来了,至少对于数论来说,就是这样的情况. 然而有一部分数学家,即那些不愿提及危险的数学家,却仍然把证明论视为外来的东西,视为哲学而不是数学的东西. 在他们看来,一个新兴数学分支能否存在的理由,仅在于它能否在其他数学分支中得到创造性的应用. Hilbert 希望能向这些数学家证明"证明论"是能够做到这一点的,并且他把集合论中的"连续统假设"这样一个著名而伟大的问题也归属于用证明论所能解决的问题之中.

连续统假设是这样的:在自然数域中,按其大小为序时,可排成一全序集,而且每一个自然数都有一个后继数,例如 4 是 3 的后继,13 紧跟着 12. 但是分数的情况就会完全不同了. 因为对于任意给定的一个分数和另一个靠近的分数来说,我们总可找到更加靠近它的分数,所以分数是没有相邻的后继数的. 对于实数而言,则更加如此,它们连续地在数轴上,彼此之间不可分割地联系在一起,这就是把实数全体称之为连续统的原因.

现考虑 Cantor 所引进的超穷数,并且问每个超穷数是否也有一个相邻的后继数,这一问题的回答是肯定的. 也就是说,超穷数和自然数在这方面是类似的. 最小的超穷数就是表示自然数个数的那个超穷数,因此我们就可以问它的后继数是哪一个超穷数? 如所知,实数的个数比自然数的个数多,但是表示实数个数的那个超穷数是否就是最小的超穷数的后继数呢? 是否在它们之间还有别的后继数呢? 围绕着这一问题,曾进行了深入的研究. 而且数学家越来越倾向于这样的看法,认为表示实数个数的那个超穷数就是表示自然数个数的那个超穷数的后继数,这就是所谓连续统假设,或者就像那些对此假设深信无疑的人那样,把它叫作连续统定理. 但迄今未有人能证明这一定理.

Gödel 曾(以 Hilbert 的想法作为出发点)用证明论这一工具证明了下述事实:即设连续统假设为真,则不会由此而在集合论中引出任何新的矛盾.因此,连续统定理或者独立于集合论公理,或者能从集合论公理出发而证明之.①但不论是属于哪一种情况,我们都有理由把它应用于我们的论证过程,因为它不会引起矛盾.Gödel 的证明方法类似于 Bolyai 几何系统无矛盾性的证明方法,也就是在集合论中构造一个模型,在其中集合论公理与连续统假设能够很好地相处在一起.

如此,Hilbert 的下述言论得到了证明:"你们可以借助于证明论的成果来认识证明论."当然这些话主要是讲给那些对证明论尚抱怀疑态度的人听的.

关于无穷概念的附录

关于自然数论的无矛盾性业已证明,而且对此证明过程只要稍加改动,即可用以证明其他可数集合的无矛盾性.诸如正整数集、负整数集、正分数集以及更一般的有理数集等都是可数集的例子.

所剩下的也就是实数集合了,但在这里却又遇到了新的困难.由于无理数是借助于逐步逼近它的近似数来表示的,就像把它关闭在越来越小的匣子里一样,因此,我们在这里所讨论的就不只是数论,而且是分析学的问题了.在这里,事实上自始至终处处都在涉及无穷过程,如此就带来了一种新的可能的危险.

当我们第一次论及这一思想领域时,我们曾经十分小心地、一字不改地引用了那个危险的命题,并且指出,这是一个决定整个分析学成败的关键性命题.该命题说的是:"我们的直觉告诉我们,如果我们无限制地继续那个一个套在一个里面的区间套的构造过程,那么最终将凝聚到一个点,它是所有这些区间的公共部分."我们的直觉为何可以讨论关于无穷过程的问题?难道我们已经忘记了这一点,即我们是没有权利把有限的经验用到无穷上去的?这里不妨让我们再举另外一个例子,以能使我们改变对有关问题的通常看法.即使不是数学家,人们也知道两点之间以直线段为最短.如果有人想从 London 到 Birmingham 去,那么走直道显然要比绕道 Bristol 更快地到达目的地.由此可见三角形两边之和大于第三边.但是我们将要证明一个直角三角

① 美国数学家 P. J. Cohen 已于 1963 年证明了连续统假设独立于 ZFC 公理集合论系统——译者注

形的两条直角边之和等于斜边之长. 这显然是荒谬的,但若允许把我们的直觉应用到无穷过程上去的话,则正好就会使我们得出这种荒谬的结论.

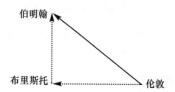

如下图. 让我们在斜边上作两个阶梯,使得阶梯的边界线分别平行于直角三角形的水平方向的和垂直方向的直角边. 显然,阶梯上的两条水平方向的边之和正好等于直角三角形水平方向的直角边,而两条垂直方向的边之和却与垂直方向的直角边一样长. 因此用来画出阶梯的所有线段之和就等于原直角三角形两条直角边之和.

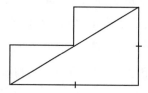

如果我们画出四个阶梯,则情况也是一样的,水平方向诸边之和等于水平方向直角边之长,垂直方向诸边之和等于垂直方向直角边之长.

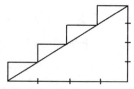

如果我们继续对斜边等分下去,则始终保持如上所说的情况,亦即画出阶梯的所有线段之和等于原直角三角形二直角边之和. 但在另一方面,当我们不断地继续如上的作业时,阶梯和斜边之间的区别也就越来越小,而且"我们的直觉告诉我们",如果我们将这种等分手续无穷地做下去,阶梯最终就将与斜边重合,从而就会导致斜边等于二直角边之和的结论.

如此,我们对于把直觉应用于无穷过程的可靠性就会有进一步的

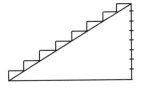 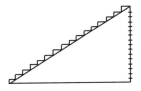

认识了.

然而,全部分析学的成败确实是取决于前面所说的那个关键性命题的.我们或者无条件地承认它,而这仅仅是因为我们愿意相信它,或者就只有求助于证明论的方法,而这就必须去研究这一命题能否导致矛盾.

如此,就将有更多的超穷元素入侵到分析学的公理系统之中.如果我们承认这些超穷元素,那么这一系统就将是如此的广泛,以致不仅包括 Gentzen 的超穷归纳,还包括了许多其他更为复杂的情况.此时 Gödel 定理依然是成立的,即系统的无矛盾性不可能用在本系统中能以形式化的方法来证明,因此,要用迄今所用过的方法证明分析学的无矛盾性是完全没有希望的.我们必须寻找新的、也许是更为精致的方法去解决问题,这仍然是一个有待于进一步研究的未解决的问题.

二十二　什么是数学所不能胜任的

数论系统的无矛盾性的证明过程,已经显示出公理化方法的某种不完善性.在那里所采用的超穷归纳法,虽然可用自然数的语言来表述,而且能为有限的思维所把握,然而却已超出了自然数理论的公理体系的结构.

这也不是独有的现象,实际上根本没有这样的公理系统,它所能表述的内容正好是这一公理系统所企图刻画的内容,它总要漏掉一些内容,又总会有一些意外的东西出现在其中.亦即任何公理系统相对于它所希望刻画的内容而言,它所能表述的内容既是总要超出这一范围,又是总没有能全部包括它所要刻画的内容.

公理系统所能表述的内容总要越出它所希望刻画的内容这一事实,是由挪威数学家 Skolem 所证明的.

如果我们希望用公理化方法来刻画自然顺序中的自然数序列,则无论我们乐意与否,其中总会出现自然数序列的另一些较为复杂的排序情况,要想排除这种情况也是不可能的.

另一方面,如果我们希望用公理化方法来精确地刻画一个不可数的论域,例如实数集,则此时总会有一个可数集潜入其中,并且它也满足所有公理的要求.

公理系统所能表述的内容总要漏掉一些它所希望刻画的内容这一事实,是由 Gödel 的一个令人惊奇的发现所证实的.这一惊奇的发现就是任何一个包括自然数论的真正的公理系统(形式系统),都包含了不可判定的问题.

让我们先来考查一下刚才所说的命题的精确含义.

在数学领域中尚有许多未判定的问题,对此我们已经提到过一些,例如,是否存在有无穷多对孪生数(如 11 和 13,29 和 31,等等)?又如 Goldbach 猜想也是一个未判定的问题.人们已经注意到

$$4 = 2 + 2$$
$$6 = 3 + 3$$
$$8 = 3 + 5$$
$$10 = 3 + 7 = 5 + 5$$
$$\vdots$$

亦即看上去任何大于 2 的偶数都可表示为一个质数与另一个质数之和,有时这种表示式还不是唯一的.这一结论对于迄今所已检查过的数来说确实是真的,亦即尚未发现反例;然而这一结论是否对所有的偶数都是真的,至今还是一个谜.

Fermat 猜想则是一个更为著名的未判定问题,如所知

$$3^2 + 4^2 = 9 + 16 = 25 = 5^2$$

亦即

$$3^2 + 4^2 = 5^2$$

并且还存在着别的整数,对其中的两个求平方和的结果正好等于第三个整数的平方.Fermat 曾在一本书的边沿上作了这样的注记,说他已经证明了在指数大于 2 的情况下,不可能有类似于刚才所说的结果,但因空白的边沿太小,无法把这一证明的过程写下来.换句话说,Fermat 认为他已证明了不存在这样的三个整数 x,y,z,它们能满足如下这些方程中的任何一个:

$$x^3 + y^3 = z^3$$
$$x^4 + y^4 = z^4$$
$$x^5 + y^5 = z^5$$
$$\vdots$$

Fermat 已经去世好多年了,数学家从那时起就力图重新证明 Fermat 的论断,但迄今没有人获致成功.由于屡遭失败,又由于有些人自以为是地宣称自己已经获得证明,以致这一本来没有多大兴趣的问题,竟然激起了人们的极大兴趣,甚至在一些人的遗嘱中,宣称把大量的财产留赠给这一问题的解决者.如此,竟使得这一问题比方圆问

题更加激起了那些非专业工作者的幻想,幸亏这些遗嘱中的巨额货币已经丧失了它的价值,这才使得所说的这种热诚逐渐消沉下去.①

　　然而对这一问题的探索却在数学上带来了十分丰富的成果.例如,为了求解这一问题,导致了"理想"这一更为抽象的理想元素的出现,且已证明它在代数领域中的一些更为重要的分支中是极为有用的.尽管如此,除了某些特殊的指数以外,一般形式下的 Fermat 猜测至今未被证明.Fermat 可能搞错了,他很可能也是仅对某些特殊情况给出了证明.

　　除此而外,还有一些按某种明确规定了的方法所不能解决的问题,即它们已被判定为不可解问题.例如,求解五次方程的问题便是,又如方圆问题、三等分任意角和倍立方问题也属这一类问题,亦即后三个问题是不能仅用圆规和直尺解决的.我们能够仅用圆规、直尺去二等分任意角,却无法仅用圆规、直尺去三等分任意角.又倍立方问题实际上就是把鱼池扩大一倍的问题在三度空间中的推广.在平面上,我们能用圆规、直尺作出两倍大的正方形的边,但在三度空间中,仅用圆规、直尺却不可能去作出两倍体积的立方体的边.倍立方问题通常又叫作 Delos 问题.相传古代在 Delos 地方正遭瘟疫的袭击,上帝传下旨意,要 Delos 地方的人把供桌的体积放大一倍,如此即可摆脱瘟疫.但由于这一供桌正好是立方体的,从而导致倍立方问题的出现.当时人们绞尽脑汁也未能解决.后来 Plato 曾用这样的话来安慰大家:"实际上,上帝是想用这个问题去促进古希腊人深入研究几何学."

　　但是 Gödel 定理却既不是什么未解决问题,也不是在否定意义下的已判定问题,它所涉及的是相应的公理系统中的不可判定问题.

　　让我们对 Gödel 的证明做一概略的描述.

　　如果我们对自然数的学科(数论)已经很好地构造了一个公理系统,在这些公理中,包括了这一领域所需要的一切东西.当然,我们也要十分慎重,不要把任何矛盾带进这一系统.我们将采用符号逻辑的语言来陈述这一切,从而系统中的每一命题都将以符号序列的形式得到表述.

① Fermat 定理由普林斯顿大学英国数学家安德鲁·怀尔斯和他的学生理查·泰勒于 1995 年成功证明.——译者注

正如我们能使平面上的点和数对相对应那样,我们也可使每个这样的符号序列对应于一个数.例如,可按如下方法来实现它:我们所具有的只是有限多个数学的和逻辑的符号,对此我们可用头几个质数来分别与之对应(在此我们把 1 也算作质数).例如我们就用 1 来对应它自身,1 以后的数就不需要其他新的符号了.因为 2 可写成 1+1,3 可写成 1+1+1,等等,我们用 2 对应于"="这个符号,3 对应于表示"非"的符号"∼",5 对应于"+"这个符号,如此等等.在建立这种对应时,我们采用怎样的顺序是无关紧要的.假设与最后一个符号相对应的是 17,我们就用 19 以后的质数来与出现在系统内命题中的未知数的符号相对应,诸如 $x, y, \cdots$,例如,19 对应于 x,23 对应于 y,等等.

按照这样的方法,我们就得到了一部"字典":

$$1 \text{——} 1$$
$$= \text{——} 2$$
$$\sim \text{——} 3$$
$$+ \text{——} 5$$
$$\vdots$$
$$x \text{——} 19$$
$$y \text{——} 23$$

根据这一字典,我们即可直接查出诸如下列三个数 1,2,1 对应于公式 1=1.

让我们从 1,2,1 这三个数出发,去构造一个新的数.显然,这可用许多方法轻而易举地去实现.例如,我们可把这三个数加起来而构造出一个 4,然而问题在于这个 4 也可由别的数得出,我们既没有办法确定这个 4 是由哪些数构造出来的,也无法确定构造 4 的这些数是处在怎样的顺序中,甚至 4 是由多少个数构造而成也是无法确定的.例如,4 可由

$$1+3 \quad \text{或} \quad 3+1 \quad \text{或} \quad 1+1+2 \quad \text{或} \quad 2+1+1$$

等方式构造出来,而绝非仅由

$$1+2+1$$

这一方式才能得出.我们希望对构造出的新数能精确地分辨出它是由哪些数构造出来的.为此,可采用如下方法.例如,我们可把前三个

质数

$$2,3,5$$

分别取如下的幂

$$1,2,1$$

然后再把它们乘起来,这就使我们获致如下的积:

$$2^1 \times 3^2 \times 5^1 = 10 \times 3^2 = 10 \times 9 = 90$$

然后,我们就用

$$90$$

来对应于公式

$$1 = 1$$

从90这一数出发,我们可以很容易地判明它所对应的是怎样的一个公式,只要把它按照数值的大小为序分解为质因数的乘积即可:

$$90 = 2 \times 45$$
$$= 2 \times 3 \times 15$$
$$= 2 \times 3 \times 3 \times 5$$
$$= 2^1 \times 3^2 \times 5^1$$

此时质数

$$1, \ 2, \ 1$$

就重新以指数的形式出现了.从而在字典中就可查到它们依次对应于符号

$$1, =, \ 1$$

如此从90这个数出发,我们就能明确无误地写出与之对应的公式是

$$1 = 1$$

这样,系统中的每个命题就都能对应于一个数.完全类似地,我们也可使得每个证明也对应于一个数.从形式上看,一个证明并不是别的什么东西,而仅仅是一个命题的序列(其中每个命题都是前面的命题推导出来的).由于序列中的每一命题都已对应于一个数,因此,如果某个证明是由三个命题组成的,则该证明就将对应于这三个数,并且只要利用如上所说的方法,就能从这三个数出发去构造一个新数与之对应;而从这个数出发,只要把它分解为质因数的乘积,我们就能明确判定该数的组成部分.

假定在这种对应的数中有一个非常大的数出现,并且我们有足够的耐心去把它分解为质因数的乘积. 今设所说的数是

$$2^{90\ 000\ 000\ 000\ 000\ 000\ 000} \times 3^{90}$$

由于这里的指数不是质数,因而我们首先就能断定它所对应的不是单一的命题而是一个证明. 这一证明是由两个命题组成的,而这两个命题分别对应于上面的指数

$$90\ 000\ 000\ 000\ 000\ 000\ 000$$

和

$$90$$

如果我们把这两个数分别分解为质因数的乘积,我们就可重新构造出它们所对应的命题. 对于第一个数来说,其中有 19 个 0. 由于 $10 = 2 \times 5$,因而这个数就是

$$9 \times 10^{19} = 3^2 \times 10^{19} = 3^2 \times 2^{19} \times 5^{19}$$

按数值大小为序排列之,就是

$$2^{19} \times 3^2 \times 5^{19}$$

因而所出现的指数便是

$$19, 2, 19$$

第二个数的质因数分解式是早就知道的,即

$$90 = 2^1 \times 3^2 \times 5^1$$

因而它是依据如下的三个数构造出来的:

$$1, 2, 1$$

为了便于查对,我们再次写出前述"字典":

$$1 \text{——} 1$$
$$= \text{——} 2$$
$$\sim \text{——} 3$$
$$+ \text{——} 5$$
$$x \text{——} 19$$
$$y \text{——} 23$$

由此可以查出对应于前三个数 19,2,19 的公式是 $x = x$,而后三个数 1,2,1 所对应的公式为 $1 = 1$,因而这一证明所告诉我们的是:如果对于任何 x 来说总有

$$x = x$$

则有

$$1 = 1$$

这是一个极为渺小的证明,然而它所对应的却是一个天文数字,从而我们可以想象出对应于一个具有若干个步骤的证明的数,将是一个何等庞大的数字.然而重要的问题却在于我们已经知道必有一个确定的数与之对应,且从这个数出发,能重新构造出这个证明(使不是实际可行,也至少在理论上是可行的).

以上所说的正是把一个系统中的公式翻译为确定的自然数的方法.但所有这一切能有些什么用处呢?

元数学是立足于系统之外对系统进行检验的,元数学命题所涉及的是系统中这样那样的公式和证明,现在,借助于我们的"字典",这些命题均可翻译为关于具有这样那样质因子的自然数的命题.

例如,如果元数学正在对系统中的那些可借助于系统内的符号表述的公式进行检验的话,则必定会注意到以下的符号序列是必须特别小心地加以处理的,这个符号序列就是

$$1 = 1$$

和

$$\sim(1 = 1)$$

这是因为 1＝1 和 ～(1＝1)互为否命题,我们已经知道

$$1 = 1$$

对应于

$$2^1 \times 3^2 \times 5^1 = 90$$

而按照我们的字典(其实括号本身也是符号,我们确实应该引进一些数与之对应,但我们没有这样做):

$$1 \text{——} 1$$
$$= \text{——} 2$$
$$\sim \text{——} 3$$
$$+ \text{——} 5$$

公式～(1＝1)应对应于序列 3,1,2,1.

由于

$$2,3,5,7$$

为头四个质数,因此与公式 $\sim(1=1)$ 相对应的数为

$$2^3 \times 3^1 \times 5^2 \times 7^1$$

让我们把这个数计算出来:

$$2^3 \times 3^1 \times 5^2 \times 7^1 = 2 \times 2 \times 2 \times 3 \times 5 \times 5 \times 7$$
$$= 10 \times 10 \times 2 \times 3 \times 7 = 100 \times 42$$
$$= 4\ 200$$

再让我们把 90 和 4 200 的质因数分解式依次排列如下:

$$90 = 2^1 \times 3^2 \times 5^1$$
$$4\ 200 = 2^3 \times 3^1 \times 5^2 \times 7^1$$

如此,我们即可把元数学命题:"形如

$$1=1 \text{ 和 } \sim(1=1)$$

的符号序列表示了两个相反的命题",予以重新表述为:"90 和 4 200 是这样两个数,后者的质因数分解式是以 2^3 开头的,其余的质因数的指数,却与 90 的质因数分解式中诸质因数的指数依次相同."

　　对于后一个命题来说,它一点也不像是元数学的命题,而是一个算术命题.我们所考虑的系统被公认为是表述算术命题的.所以这一命题可用所考虑的系统内的符号予以表述,而无须用到任何文字,它将成为一个不引人注目的符号序列,并且不易看出它有两种解释.但事实上确有两种不同的解释.对此可像看两本不同的教材那样,其一是关于数的课本,只要我们记住系统中符号的原始意义,就能从系统中的符号序列读出这种意义;另一本教材却是关于它所代表的元数学命题的课本.

　　当 Gödel 对这种具有两种不同解释的符号序列进行研究时,他遇到了这样一个数,譬如说是八百万,我们明确地知道,它是怎样由质因数构造起来的.(然而,如果我们真要实际地进行这种计算,可能一辈子的时间也不够用.)Gödel 注意到这个数所给出的是如下的信息:如果我们仿照上例的方法去应用系统中的符号,就将得出如下的数学命题:

　　"和八百万这个数相对应的公式在系统中是不可证明的."

当我们按照我们的字典去找出对应于这一公式的数时,我们会惊奇地

发现,这个数就是八百万.因此"和八百万这个数相对应的公式"就是上面那个公式.从而这一命题的含义之一就是:

"我是不可证明的"

我们必须清楚地看到,这并不是一种文字的游戏,也不是一种诡辩.我们面临的是一个普通的公式,就像别的公式一样,它也是一个符号序列,而只有当我们借助于我们的"字典"去找出隐藏于其中的元数学意义时,我们才注意到它的含义就是:

"我是不可证明的"

尽管在另外的意义下,它所表示的不过是一个无害的数论命题,然而这一公式在系统内确实是不可判定的.

如果它是可以证明的,则将和它的元数学意义——即关于它是不可证明的断言——相矛盾.

另一方面,如果它的否命题是可以证明的,那么对于否命题的这一证明同时也就构成了对这一命题所包含的元数学命题的证明,从而也就是这一命题的证明.

因此,对它本身和它的否命题都不可能给出证明,亦即它是不可判定的.

必须再次强调指出,如果我们忘记了我们的"字典",则它就将是系统中的一个普通公式,一个关于加法和乘法的完全无害的数论命题.Gödel证明了这种不可判定的公式在每个系统中都是存在的.Goldbach猜想可能就是这些不可判定的公式中的一个,而Goldbach猜想迄今未解决的原因很可能就在于:如果我们建立了这样一个公理系统,它包括了所有那些企图用来解决这一猜测的工具,但在这时却很可能出现这样的情况,在借助于这本"字典"的翻译下,其含义正好是:

"我在这一系统中是不可证明的"

对于其他迄今没有解决的问题来说,也可能是同样的情况,每个数学家都必须正视这种可能性.

对于如上所论而言,还可能存在着这样一种反对的理由,亦即认为困难是由于公理系统的不完备性所造成的.的确,如果我们不把自己局限于任何特殊的公理系统的话,甚至连上述的"Gödel问题"也是可以解决的. 然而 Church 已经构造出这样一个问题,使用任何现代数学家所能想到的论证都无法判定它,而且不论这些论证可否用公理系统来加以刻画.

　　此处已是我应当结束写作的地方了. 我们已经抵达了现代数学思维的极限点. 我们的时代是一个自觉性不断地增长的时代,在这方面,数学也做出了自己的贡献,它使我们认识到数学的能力的局限性.

　　然而我们所面临的是不是最后的障碍? 迄今为止,在数学史上,似乎总有逃出死胡同的办法. 就 Church 的证明来说,有一点是值得我们深思的:如果我们希望把数学的程序应用于一个概念,这就必须十分精确地说明现代数学家所设想的论证是什么. 当一件事情被表述的时候,它就已经受到了某种约束,每一道篱笆所围住的都是一个狭窄的空间,而不可判定的问题却设法逃出了这个篱笆.

　　进一步的发展肯定是对结构加以扩展. 虽然我们现在还不能看出如何去实现这种扩展,然而我们却要永远牢记,数学不是静止和封闭的,是有生命力和发展着的. 尽管我们企图把它限制在封闭的形式中,但它总能找到缺口,逃奔出去而获得自由.

数学高端科普出版书目

数学家思想文库

书　名	作　者
创造自主的数学研究	华罗庚著；李文林编订
做好的数学	陈省身著；张奠宙，王善平编
埃尔朗根纲领——关于现代几何学研究的比较考察	[德]F.克莱因著；何绍庚，郭书春译
我是怎么成为数学家的	[俄]柯尔莫戈洛夫著；姚芳，刘岩瑜，吴帆编译
诗魂数学家的沉思——赫尔曼·外尔论数学文化	[德]赫尔曼·外尔著；袁向东等编译
数学问题——希尔伯特在1900年国际数学家大会上的演讲	[德]D.希尔伯特著；李文林，袁向东编译
数学在科学和社会中的作用	[美]冯·诺伊曼著；程钊，王丽霞，杨静编译
一个数学家的辩白	[英]G.H.哈代著；李文林，戴宗铎，高嵘编译
数学的统一性——阿蒂亚的数学观	[英]M.F.阿蒂亚著；袁向东等编译
数学的建筑	[法]布尔巴基著；胡作玄编译

数学科学文化理念传播丛书·第一辑

书　名	作　者
数学的本性	[美]莫里兹编著；朱剑英编译
无穷的玩艺——数学的探索与旅行	[匈]罗兹·佩特著；朱梧槚，袁相碗，郑毓信译
康托尔的无穷的数学和哲学	[美]周·道本著；郑毓信，刘晓力编译
数学领域中的发明心理学	[法]阿达玛著；陈植荫，肖奚安译
混沌与均衡纵横谈	梁美灵，王则柯著
数学方法溯源	欧阳绛著
数学中的美学方法	徐本顺，殷启正著
中国古代数学思想	孙宏安著
数学证明是怎样的一项数学活动？	萧文强著
数学中的矛盾转换法	徐利治，郑毓信著
数学与智力游戏	倪进，朱明书著
化归与归纳·类比·联想	史久一，朱梧槚著

数学科学文化理念传播丛书·第二辑	
书　　名	作　　者
数学与教育	丁石孙,张祖贵著
数学与文化	齐民友著
数学与思维	徐利治,王前著
数学与经济	史树中著
数学与创造	张楚廷著
数学与哲学	张景中著
数学与社会	胡作玄著
走向数学丛书	
书　　名	作　　者
有限域及其应用	冯克勤,廖群英著
凸性	史树中著
同伦方法纵横谈	王则柯著
绳圈的数学	姜伯驹著
拉姆塞理论——入门和故事	李乔,李雨生著
复数、复函数及其应用	张顺燕著
数学模型选谈	华罗庚,王元著
极小曲面	陈维桓著
波利亚计数定理	萧文强著
椭圆曲线	颜松远著